"十三五"国家重点图书出版规划项目

中国特色畜禽遗传资源保护与利用丛书

槟榔江水牛

李 清　毛华明　主编

中国农业出版社

北　京

图书在版编目（CIP）数据

槟榔江水牛 / 李清，毛华明主编 . —北京：中国
农业出版社，2020.1
（中国特色畜禽遗传资源保护与利用丛书）
国家出版基金项目
ISBN 978 - 7 - 109 - 26731 - 2

Ⅰ.①槟⋯　Ⅱ.①李⋯ ②毛⋯　Ⅲ.①水牛－饲养管
理　Ⅳ.①S823.8

中国版本图书馆 CIP 数据核字（2020）第 050456 号

内容提要：槟榔江水牛是我国迄今为止发现的唯一河流型水牛遗传资源，属乳、肉、役用兼用型水牛，是我国重点保护的畜禽品种之一。槟榔江水牛的发现、保护与利用，对解决我国奶水牛产业的种源瓶颈，保障南方人民喝到优质鲜奶，解决高端奶酪依靠进口等问题均具有十分重要的意义。

本书系统介绍了槟榔江水牛的起源与形成过程、品种特征与生产性能、品种保护、繁育、营养需要与常用饲料、饲养管理、疫病防控、牛场建设与环境控制以及槟榔江水牛的开发利用与品牌建设等内容，是作者多年研究成果的集中体现，融科学性、实用性与可操作性为一体，适合畜牧兽医领域的教学科研人员及从事水牛养殖、水牛奶和水牛肉加工等方面工作的读者参考。

中国农业出版社出版

地址：北京市朝阳区麦子店街 18 号楼
邮编：100125
责任编辑：郑　珂　神翠翠
版式设计：杨　婧　责任校对：周丽芳
印刷：北京通州皇家印刷厂
版次：2020 年 1 月第 1 版
印次：2020 年 1 月北京第 1 次印刷
发行：新华书店北京发行所
开本：720mm×960mm　1/16
印张：14　插页：3
字数：381 千字
定价：98.00 元

丛书编委会

本书编写人员

主　编	李　清	毛华明			
副主编	余选富	顾招兵	鲁琼芬	杨建发	杨舒黎
	王友文	项　勋			
参　编	艾习寿	史宪伟	杨家寿	沈雪鹰	邵思远
	祝立新	康定富	董书成	黄艾祥	陈艳美
	金　贞	马　畅	田　帅	郑秋燕	张瑞云
	全　伟				

　　我国是世界上畜禽遗传资源最为丰富的国家之一。多样化的地理生态环境、长期的自然选择和人工选育，造就了众多体型外貌各异、经济性状各具特色的畜禽遗传资源。入选《中国畜禽遗传资源志》的地方畜禽品种达500多个、自主培育品种达100多个，保护、利用好我国畜禽遗传资源是一项宏伟的事业。

　　国以农为本，农以种为先。习近平总书记高度重视种业的安全与发展问题，曾在多个场合反复强调，"要下决心把民族种业搞上去，抓紧培育具有自主知识产权的优良品种，从源头上保障国家粮食安全"。近年来，我国畜禽遗传资源保护与利用工作加快推进，成效斐然：完成了新中国成立以来第二次全国畜禽遗传资源调查；颁布实施了《中华人民共和国畜牧法》及配套规章；发布了国家级、省级畜禽遗传资源保护名录；资源保护条件能力建设不断提升，支持建设了一大批保种场、保护区和基因库；种质创制推陈出新，培育出一批生产性能优越、市场广泛认可的畜禽新品种和配套系，取得了显著的经济效益和社会效益，为畜牧业发展和农牧民脱贫增收作出了重要贡献。然而，目前我国系统、全面地介绍单一地方畜禽遗传资源的出版物极少，这与我国作为世界畜禽遗传资源大国的地位极不相称，不利于优良地方畜禽遗传资源的合理保护和科学开发利用，也不利于加快推进现代畜禽种业建设。

为普及对畜禽遗传资源保护与开发利用的技术指导，助力做大做强优势特色畜牧产业，抢占种质科技的战略制高点，在农业农村部种业管理司领导下，由全国畜牧总站策划、中国农业出版社出版了这套"中国特色畜禽遗传资源保护与利用丛书"。该丛书立足于全国畜禽遗传资源保护与利用工作的宏观布局，组织以国家畜禽遗传资源委员会专家、各地方畜禽品种保护与利用从业专家为主体的作者队伍，以每个畜禽品种作为独立分册，收集汇编了各品种在管、产、学、研、用等相关行业中积累形成的数据和资料，集中展现了畜禽遗传资源领域最新的科技知识、实践经验、技术进展与成果。该丛书覆盖面广、内容丰富、权威性高、实用性强，既可为加强畜禽遗传资源保护、促进资源开发利用、制定产业发展相关规划等提供科学依据，也可作为广大畜牧从业者、科研教学工作者的作业指导书和参考工具书，学术与实用价值兼备。

丛书编委会

2019 年 12 月

序言

　　我国是世界畜禽遗传资源大国，具有数量众多、各具特色的畜禽遗传资源。这些丰富的畜禽遗传资源是畜禽育种事业和畜牧业持续健康发展的物质基础，是国家食物安全和经济产业安全的重要保障。

　　随着经济社会的发展，人们对畜禽遗传资源认识的深入，特色畜禽遗传资源的保护与开发利用日益受到国家重视和全社会关注。切实做好畜禽遗传资源保护与利用，进一步发挥我国特色畜禽遗传资源在育种事业和畜牧业生产中的作用，还需要科学系统的技术支持。

　　"中国特色畜禽遗传资源保护与利用丛书"是一套系统总结、翔实阐述我国优良畜禽遗传资源的科技著作。丛书选取一批特性突出、研究深入、开发成效明显、对促进地方经济发展意义重大的地方畜禽品种和自主培育品种，以每个品种作为独立分册，系统全面地介绍了品种的历史渊源、特征特性、保种选育、营养需要、饲养管理、疫病防治、利用开发、品牌建设等内容，有些品种还附录了相关标准与技术规范、产业化开发模式等资料。丛书可为大专院校、科研单位和畜牧从业者提供有益学习和参考，对于进一步加强畜禽遗传资源保护，促进资源可持续利用，加快现代畜禽种业建设，助力特色畜牧业发展等都具有重要价值。

中国科学院院士
中国农业大学教授 吴常信

2019 年 12 月

  槟榔江水牛是我国唯一的河流型水牛品种（$2n=50$），于2008年通过国家畜禽遗传资源委员会鉴定，2014年被列为国家级畜禽遗传资源保护品种，属乳、肉、役用型地方品种。槟榔江水牛原产地为云南省腾冲市的槟榔江流域，在当地已建立核心养殖场及扩繁区，种牛被引到贵州、湖北、广东、广西等省份，作为种源使用。槟榔江水牛的审定与选育扩繁为解决制约我国奶水牛产业发展的种源瓶颈提供了有力支撑。

  据考证，河流型水牛在腾冲饲养已有2 000余年历史，从腾冲曲石小鱼塘出土的槟榔江水牛青铜器和牛头，经专家鉴定为西汉时期"乘象国"的器具。在槟榔江水牛长期的养殖驯化过程中，人们有意识地选择和保护适应能力强、疾病少、性情相对温和、易于调教，且个体大、力气大、乳肉性能优的群体，组建了核心群，并在农户中推广挤奶技术，成立了专门的核心群保种场和水牛产品加工开发公司。

  随着槟榔江水牛核心群的组建，其数量虽有所增加，但总量不足5 000头，仍然是一个濒危物种，急需加强对槟榔江水牛的选育和遗传保护，以确保槟榔江水牛优良遗传基因不漂变、不丢失。另外，由于缺乏规范的饲养管理，目前槟榔江水牛仍面临着生长发育缓慢，个体差异大，发情配种年龄较大，产犊间隔差异大，产奶量参差不齐等问题，导致生产水平和养殖效益较低，严重阻碍了槟榔江水牛产业的发展。因此，为提高科技成果转化为现实生产力的能力，促进槟榔江水牛产业健康发展，我们组织编撰了这本书，供槟榔江水牛养殖人员、畜牧兽医领域的教学科研人员及从事水牛相关工作的读者参考。

本书是在全国畜牧总站、中国农业出版社的支持和云南农业大学的主持下，于2017年3月启动，组织云南农业大学、云南省畜牧兽医科学院、腾冲市农业局和云南皇氏来思尔乳业有限公司、云南省腾冲艾爱水牛乳业有限公司等多家单位的25位专家共同撰写，历时两年多。本书全面系统地概括了槟榔江水牛科技工作者的科研、推广和生产成果，具有很高的学术性和实用性。

全书共分九章，第一章阐述了槟榔江水牛的起源与形成过程；第二章介绍了槟榔江水牛的品种特征与生产性能，包括槟榔江水牛的乳用和肉用等生产性能；第三章叙述了槟榔江水牛的品种保护，包括保种目标和技术措施等；第四章论

述了槟榔江水牛的繁育；第五章详述了槟榔江水牛的营养需
要与常用饲料，包括饲料种类、饲料生产、典型日粮以及草
畜配套技术；第六章叙述了槟榔江水牛的饲养管理，包括犊
牛的培育、育成公水牛的育肥及不同生长阶段的饲养管理
等；第七章介绍了槟榔江水牛的疫病防控，包括常见传染
病、寄生虫病、内科病、外科病等疾病的防控；第八章第介
绍了槟榔江水牛的牛场建设与环境控制及水牛场废弃物的处
理与资源利用；第九章总结了槟榔江水牛的开发利用与品牌
建设。

　　由于编者水平有限，纰漏谬误之处在所难免，恳请读者
批评指正。

编　者

2019 年 9 月

目　录

第一章
槟榔江水牛起源与形成过程

水牛在分类学上属于哺乳纲（Mammalia）、偶蹄目（Artiodactyla）、牛科（Bovidae），槟榔江水牛是中国唯一的河流型水牛遗传资源，于 2008 年通过国家畜禽遗传资源委员会审定，2014 年被列入《国家级畜禽遗传资源保护名录》，属乳、肉、役用兼用型水牛。槟榔江水牛原产地为云南省腾冲市槟榔江流域，主要分布于猴桥、中和、荷花、明光、滇滩等镇，在当地已建立核心养殖场及扩繁区，种牛被引到贵州、湖北、广东、广西等地区。

第一节　产区的自然条件

一、产区的地理位置

腾冲市位于云南西部边陲，为古代西南丝绸之路的咽喉，我国西南边防的重镇，也是著名的侨乡和历史文化名城。腾冲市地处高黎贡山以西的峡谷区，在北纬 24°38′—25°52′、东经 98°05′—98°45′之间，面积 5 845 km²，北部与缅甸接壤，国境线长达 148.075 km。其中，高黎贡山主脉雄踞腾冲东部，峰峦拔地参天，绵延境内 110 km，海拔多在 3 000 m 以上，最高的大脑子峰，海拔 3 780.2 m，最低的速庆峰海拔 930 m。北部和西部的龙针洞、五台山、狼牙山支脉巍峨挺立，组成天然屏障，其间镶嵌着槟榔江、大盈江、龙川江等河流。

数万年前，亚欧板块与印度板块漂移到这里，相互撞击交接，使腾冲成为世界罕见的、典型的火山地热并存区。腾冲属亚热带高原山地气候，集大陆性气候和海洋性气候的优点于一身，冬春天气晴朗，气候暖和，夏秋晴雨相间，气候凉爽宜人，年平均降水量为 1 531 mm，年平均相对湿度为 77%，最低气温不低于 0 ℃，可避寒，最高气温不超过 30 ℃，可避暑。腾冲丘陵坡地与河谷平坝相间，水草丰肥，非常适宜畜牧业的发展。

槟榔江古称海巴江，属大盈江右支流，发源于高黎贡山支系腾冲市猴桥镇西北部的五台山、狼牙山一带，由于两岸皆是茂密的森林，没有任何工业污染，江水清澈透明，江畔自然风光无比秀美。江水沿中缅边境而下，经三岔河汇集支流后，向南流至德宏州盈江县盏西镇勐乃寨前，与支那河交汇，纵贯盏西坝，接纳勐龙、小关、邦别、芒牙等河，于芒章乡芒章村入谷，流至新城乡接纳南当河入盈江坝，与南底河交汇进入大盈江。江道长 127.25 km。其中，腾冲市境内江长 59.25 km，盈江县境内长 68.25 km。

二、产区的气候特点

腾冲市猴桥镇地势北高南低，南北长 54 km，东西宽 28 km，平均海拔 2 139 m，最高的狼牙山海拔 3 664 m，其次是五台山、尖高山、野牛坡等山峰，最低的是拉卡河交槟榔江处，海拔 1 040 m，海拔差 2 624 m。全年最高气温 32 ℃，最低气温 -2 ℃，平均气温 13.7 ℃。年均降水量 1 500 mm，霜期 130~170 d。

槟榔江水流至猴桥镇芭蕉林后，进入地势东北高、西南低的盈江县。盈江县为南亚热带季风气候，年均气温 19.3 ℃。盈江县为低纬高原地区，冬暖夏凉，雨热同期，干凉同季，雨量充沛，干湿分明，春温高于秋温，日温差大，年温差小，立体气候特点明显。

三、产区的生态资源条件

槟榔江从高山地区发源，在腾冲境内的崇山峻岭间变幻出许多奇异的景观，穿峡谷，绕山村，沿途点缀着无数边地风光美景。然后，急速向落差较大的大盈江奔去。其中以腾冲猴桥段最为引人入胜，是一种特别的景致。江中千奇百怪的石头，或如牛躺卧，或如怪兽蹲伏，有的形似莲花，有的状如蜂窝，有的势如猛虎，有的像蛟龙奔海；当夏日江水滚滚而过，激起掀天怒涛，声若雷霆，雄狮怒吼。而冬春时节江水潺潺，清可见底。这些巨石，经千万年江水冲刷、打磨，俨然成为一座天然石雕公园。

猴桥镇物产资源丰富，是林业大镇，林业资源独具特色，储量丰富，活立木蓄积达 450 万 m³ 以上。镇内河流众多，以槟榔江水系为主，有古永河、轮马河、胆扎河、三岔河、黑泥塘河、灯草坝河、奇沟河、松山河、拉卡河共9条支流。在槟榔江水系的崇山峻岭中，生活着熊、鹿、猴、穿山甲、上树鱼等珍稀野生动物。该镇地域辽阔，天然草山草场宽广，适宜自然放牧，畜牧业收入占农民人均收入的40％以上。家庭养殖以牛、羊、马、骡、驴、猪为主。猴桥镇是槟榔江水牛的重要发祥地之一。

沿江而下，数十千米的河床落差极大，江的两岸生长着槟榔树，亭亭玉立，暗香浮动。来自雪山之巅，清澈冰凉的江水流到猴桥芭蕉林后，蜿蜒流入盈江县境内。盈江县土地丰盈富饶，有景色迷人的凯邦亚湖、中国橡胶母树、亚洲榕树王；有变化万千的支那云海，造型典雅的允燕佛塔，虎踞龙盘的明代四关遗址；有林深似海的铜壁关自然保护区，景色绮丽的卡场拱劳飞瀑等自然景观。盈江县文化灿烂，底蕴浓厚，绚丽多姿的民族文化在这里聚集，有传唱千年、经久不衰的傣戏，柔情似水的傣家"孔雀舞"，宏大壮观的景颇族"目瑙纵歌"，优雅欢畅的傈僳族"三弦舞"，摄人心魄的"光邦"鼓舞。盈江县还是德宏水牛的主产区和发源地，拥有大量的德宏水牛群体。沿江两岸，江风清爽，山花盛开，依江生长的各种类型树木，让槟榔江穿上了"绿衣"，各种水鸟栖息与低头吃草的德宏水牛和槟榔江水牛形成一幅动感画面。

第二节　槟榔江水牛形成的历史过程

一、腾冲饲养水牛的历史

1. 水牛考古和出土文物　据考证，腾冲饲养戛拉水牛已有2 000余年历史，腾冲曲石小鱼塘出土的戛拉水牛子母案、青铜器和牛头，经保山市文物管理所的专家鉴定为西汉时期"乘象国"的器具。2005年10月30日，由美国加利福尼亚州科学院古生物学家江妮娜女士、哈佛大学古生物学家弗林教授、中国云南省文物考古研究所古人类研究部、重庆奥特多探险队和腾冲县文物管理所组成联合考察队进入固东镇江东山，进行实地调查，获取很多古生物标本，有亚洲象、犀牛等动物化石。调查组还发现大量动物骨骸，经弗林教授初步观察，确认有大熊猫骨、犀牛骨（牙）、鹿骨、水牛骨、马骨，这些骨骸石化程度不深，基本处于亚化石状态。这次调查证明，古代腾冲确实存在过犀牛、野生水牛等物种。

2. 水牛驯养　据《云南志》《腾越厅志》等书记载，几百年前曾有腾越人设陷阱捕杀野生水牛、犀牛。在民间，人们将捕获的野生水牛进行驯服，饲养。驯牛时，人们用粗绳子拴住牛的脖子或牛角，由于野生水牛难以驯服，驯牛人拉着长绳，远离水牛，让牛狂奔，还有人手握棍子帮着赶牛或站在远处助威。待牛精疲力竭，失去攻击力，用一根削尖的竹棍，把牛鼻子捅开，拴上绳子，驯服水牛。人们在实践中总结出"人怕揪耳朵，老虎怕拔牙，牛怕牵鼻子"的经验。

3. 犁头和水牛犁田 牛耕是中国农业文明的重要标志，是农业史上的重要里程碑。牛耕的出现，促进了铁农具和竹木农具的生产和使用，它们直接或间接地为农业生产和畜牧业生产服务。犁头是农业生产的重要工具，自产生牛耕以来，就有犁头出现。西汉时期铁犁已广泛使用。汉武帝时搜粟都尉赵过发明了耦犁，几种不同的考古证据表明，最早的牛拉犁耕技术是在战国发展起来的，在汉代得到广泛推广（刘莉，2006；汪宁生，1985；王娟，2011；叶洁，2013）。汉人沿着古丝绸之路来到腾冲，把中原地区先进的农耕技术带到腾冲，同时也把汉武帝时发明的二牛耦耕的耦犁带到腾冲。其操作方法是：一人牵牛，一人掌犁辕扶犁，调节耕地的深浅，深耕翻土，效率高，耕作速度快，不耽误农时。在腾冲，人们习惯用水牛耕田而不用黄牛，主要是因为黄牛不喜欢水，而水牛好水，也是游泳的好手，而农田一般是水田，因此，耕田的牛，人们喜欢选择水牛；再则，水牛比黄牛的劲更大。明、清以后，腾越铸犁头行业发展很快，腾冲市腾越镇东升村（娘娘庙）铸犁头已有500多年的历史。

4. 寸玉治理大盈江 寸玉，明代时鸿胪寺序班、四夷馆教授，腾冲和顺乡人。寸玉告老回乡后，他效"黄河九曲"在和顺坝子中开凿大盈江河道，使千顷良田涝可排，旱可灌。在开凿大盈江河道初期，靠人挑马驮拉运土方，有些地方马匹无法进入，工程进度缓慢。为加快开凿速度，寸玉从缅甸购进一批洋牛、洋车，拉运土方，提高工作效率，加快工程进度。同时他还修筑了专为村民生活服务的小河。工程结束，乡民们为纪念寸玉改修大盈江河道的丰功伟绩和洋牛所做出的贡献，在和顺魁阁大门前用火山石依据洋牛的形状雕琢一头水牛，卧姿面对大盈江。

二、槟榔江水牛起源

水牛的起源包括种质起源和驯化起源，中国在多个新石器和青铜器时代的遗址上发现水牛的遗骨（徐旺生，2005）；水牛屡见于中国更新世和全新世，都属于沼泽型水牛，主要集中在中国南方。

槟榔江水牛是我国唯一的河流型水牛，历史上叫腾越水牛，民间称之为戛拉水牛或洋牛。腾冲是多民族混居的地方，在语言和习惯上带有浓郁的民族色彩。腾冲戛拉水牛的起源有三种说法。

（一）玉出腾越与戛拉水牛

现在的腾冲虽不产玉，但历史上却素有玉出腾越之说。腾冲自古以来就是世界性的玉石集散地，土地肥沃，草山宽广，畜牧业非常发达，人们非常重视戛拉水牛的饲养（拉运玉石主要靠戛拉水牛），而腾冲作为古代腾越州府的所在地，距缅甸密支那不到300 km，戛拉水牛属于腾冲本地物种无可非议。

（二）寸玉治江

鸿胪寺序班寸玉告老还乡后开凿大盈江，治理陷河，为加快施工速度，从缅甸购进大批洋牛、洋车拉运土方。工程结束，这批洋牛被分散到四面八方给农户饲养。在饲养过程中，缅甸洋牛与本地水牛自然交配，繁衍出的后代毛色周身通黑，与本地水牛明显不同，在闭锁的区域内，通过自然选择，形成腾冲特有的水牛品种。这个品种，腾冲人称之为戛拉水牛，意为黑色的水牛。

（三）民间贸易

腾冲与缅甸相邻，山水相连，国境线长达148.075 km。"胞波"友谊源远流长。两国之间互通有无，边民往来不断，民间贸易繁荣，来自缅甸的洋牛作为民间贸易运输货物的主要载体，自然流入腾冲，并与本地水牛进行交配，繁殖后代。

由于腾冲与缅甸山水相连，两国人民同宗同族，江水同饮，婚姻互通，牧场共用。冬春季节，腾冲水冷草枯，游牧的牛群会到气候暖和的缅甸牧场上与缅甸水牛混牧，进行杂交。待春暖花开，牛群回国，产下洋牛后代。

三、水牛挤奶试验与品种资源调查

（一）水牛的杂交改良

20世纪70年代末，腾冲县畜牧兽医站为加快水牛改良的步伐，从外地购进 4 头摩拉水牛种公牛，在原洞山公社胡家湾大队饲养，经比对，摩拉水牛与腾冲的戛拉水牛相似，习性相同，喜欢到清澈干净的池塘里洗澡，性格暴烈，怕见红色的东西，但力气大，走路快。摩拉水牛与本地德宏水牛杂交改良的后代，习性接近戛拉水牛。

（二）水牛的挤奶试验

2000 年，腾冲县畜牧局为弄清戛拉水牛和本地水牛的产奶性能，在腾越镇对 10 头水牛进行调教挤奶试验。饲养中发现，其中 5 头戛拉水牛在生活习性上与德宏水牛、上述杂交水牛有所不同，这 5 头戛拉水牛不在泥潭中打滚，喜欢到河流中游泳，性情比德宏水牛和杂交水牛刚烈，且有怕生、难驯服等特点。根据这 5 头戛拉水牛表现出来的特性及体表特征，科技人员断定，该牛与德宏水牛、杂交水牛不是同一个品种。

（三）品种资源调查

2005 年年中，腾冲县畜牧局在对畜禽品种资源调查时，对戛拉水牛类群进行全面调查后得知，这种水牛民间有一定的饲养量，各地叫法不同，如荷花、中和、古勇。因紧靠槟榔江，该牛就以槟榔江命名为"槟榔江水牛"；以腾冲县城为中心的中部乡镇原住民为佤族，沿用佤语称谓，称它为"戛拉牛"；北部乡镇多与缅甸毗邻，从国外来的东西喜欢在前面加一个"洋"字，故此，称该牛为"洋牛"。经调查统计、核实，2005 年腾冲县共存栏该水牛 1 527 头。

四、品种鉴定与命名

（一）品种鉴定

2005 年初，由云南农业大学（承担单位）、云南巴福乐水牛研究所（参加单位）和腾冲巴福乐槟榔江水牛良种繁育有限公司（参加单位），向云南省科学技术厅申请的"槟榔江水牛种质特性的分子遗传学研究"基础研究项目获得立项。项目组通过对 34 头槟榔江水牛和 8 头德宏水牛血液样品进行 DNA 序列检测，鉴定的 34 头槟榔江水牛样本有 29 头与河流型水牛一致，而 8 头德宏水牛与沼泽型水牛一致；对槟榔江水牛与德宏水牛、摩拉水牛的外貌、体型和生产性能的对比发现：槟榔江水牛与德宏水牛在外貌、体型上有明显区别，与摩拉水牛相似；槟榔江水牛平均体高略高于德宏水牛（6.39 cm），低于摩拉水牛（10 cm）；槟榔江水牛平均体重明显小于摩拉水牛；槟榔江水牛平均产奶量是德宏水牛的 2.24 倍，是摩拉水牛的 1.15 倍。

2006 年，腾冲县畜牧局组织技术攻关组，收集整理夏拉水牛的历史资料和技术资料，报送国家相关部门，同时组建核心群；云南农业大学动物遗传育种研究所和云南巴福乐水牛技术研究所采用外周血淋巴细胞和耳组织细胞培养及低渗法制片技术，对 28 头夏拉水牛进行细胞遗传学鉴定分析，结果显示其中 27 头染色体 $2n=50$，1 头染色体 $2n=49$。

（二）品种命名

2008 年，国家畜禽遗传资源委员会牛马驼专业委员会对夏拉水牛品种进行现场审定，7 月 1 日正式通过审定，8 月 25 日公布，10 月 22 日农业部第 1102 号公告鉴定槟榔江水牛为牛遗传资源，夏拉水牛被正式定名为槟榔江水牛，2014 年 2 月 14 日农业部公告第 2061 号确定槟榔江水牛为国家级畜禽遗传资源保护品种，并被列为全国奶牛良种补助种牛，结束了我国无河流型水牛的历史。槟榔江水牛的饲养和发现，成为我国奶水牛发展的重要种源支撑，必将成为我国拥有自主知识产权的奶水牛优良品种，并逐步解决我国长期依赖国外进口河流型牛种的问题。从目前的数量看，槟榔江水牛仍然是一个濒危物种，急需加强对槟榔江水牛遗传资源的保护，提高其种群性能，确保槟榔江水牛优良遗传基因不漂变、不丢失。

第二章

槟榔江水牛品种特征与生产性能

第一节　生物学特性

一、品种特征及习性

槟榔江水牛属于哺乳纲、偶蹄目、反刍亚目、牛科、水牛属（*Bubalus*）。

槟榔江水牛体质结实，后躯发达，侧视呈楔形，被毛稀短，以灰黑色为主（彩图 1a），未成年个体部分毛尖呈棕褐色；60％的个体尾尖毛呈白色（彩图 1b）；6％的个体头部正中和系部毛呈白色（彩图 1c）。皮肤颜色黝黑，皮薄、细腻、有光泽。头长且窄，额凸无长毛；鼻平直，耳薄，耳内长有长毛，耳端尖。水牛角中空，有髓质，一侧表面有多数平行的凹纹，角端尖；角黑色，质坚硬，剖面纹细而不显。角基扁方棱形，角形可分为五种：螺旋形占10％（彩图 1d），10 岁以上的成年牛才能形成螺旋形角；小圆环形角占 20％（彩图 1e）；大圆环形角占 25％（彩图 1f），其中 30％的个体长到 10 岁以后可形成螺旋形角；后倒向前弯曲形角占 25％（彩图 1g）；不规则形角占 20％（彩图 1h）。背腰平直，颈、肩、背、腰结合良好，无肩峰，胸垂不发达，公牛颈粗（彩图 1i）。母牛后躯发达，尻斜，乳房发育良好，乳静脉明显，乳房盆状且呈黑褐色（彩图 1j）。四肢端正直立，蹄质坚实，耐磨、黑色。

槟榔江水牛喜欢成群活动，对非本群的陌生牛，易群起攻击；怕陌生人，不易接近。由于槟榔江水牛汗腺不发达，仅为黄牛的 20％，常在池塘中浸泡、打滚，喜欢在清水中游泳，借以散热（图 2-1、图 2-2）。性情较刚烈，稍有神经敏感，嗅觉发达，反应快，采食快，易饲养，易调教。

图 2-1　水中嬉戏　　　　　图 2-2　泥塘浸泡、打滚

槟榔江水牛可利用年限长，公牛最大可利用年龄为 13 岁，母牛最大可利用年龄可达 19 岁，最高可产 10 胎。槟榔江水牛具有较强的役用性能，蹄质坚实，行动快，挽力大，公牛和阉牛每天可耕农田 0.2～0.27 hm²，母牛每天可耕 0.1～0.17 hm²。

槟榔江水牛抗病力强，疾病少，但肝片吸虫感染率高。因其具有耐粗饲、耐高温、耐高湿和使用年限长等特性，特别适合我国南方大力发展。近年来，随着我国机械化农业的大力发展和人们生活水平的提高，水牛的役用功能被逐步取代，人们对于牛肉及牛奶的需求则不断上升。对于占全国人口一半以上，牛奶产量仅为全国总产量 20％左右的南方地区，要解决北奶南调困局，稳定牛肉价格，可以充分挖掘南方奶水牛的乳肉兼用特性，建立自己的奶源和肉源基地。

二、消化系统组成及消化生理特点

槟榔江水牛消化系统发达，对粗纤维的消化利用率高，达 79.8％，比黄牛高出 15.6％，利用粗饲料的能力较强。

（一）消化系统组成

槟榔江水牛的消化系统由消化道和消化腺组成（图 2-3）。消化道是由口腔到肛门之间的一条饲料通道，包括口腔、咽、食管、胃、小肠（十二指肠、空肠和回肠）、大肠（盲肠、结肠和直肠）和肛门。消化腺包括胃腺、肠腺、黏膜下腺等壁内腺和肝、胰、唾液腺等壁外腺。

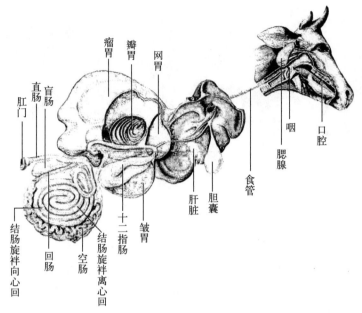

图 2-3 牛的消化系统组成

成年牛和犊牛的胃有明显不同，详见图 2-4 所示。

1. 口腔的消化

（1）机械性消化 主要包括采食、饮水、咀嚼、混合唾液和形成食团。

（2）化学性消化 通过腮腺、下颌腺、舌下腺及口腔内许多小腺体（唇腺、颊腺等）分泌的混合物即唾液对食物进行化学分解。

唾液主要有下列作用：①润湿口腔和饲料，便于咀嚼和吞咽；②溶解饲料中的某些成分而产生味觉；③清除口腔内残余食物和异物，清洁口腔；④含有大量的碳酸氢钠，进入瘤胃后，可中和微生物发酵所产生的酸，以维持瘤胃内一定的 pH；⑤在高温环境中，依靠蒸发稀薄唾液来帮助散热，从而维持体温的恒定。

2. 咽和食管的消化 咽和食管均是食物通过的管道，食物在此不停留，只是借运动向后推移，不进行其他消化。

3. 胃的消化

（1）瘤胃的生物学性消化 ①纤维素的分解和利用；②其他糖类的分解和合成；③蛋白质的分解和合成；④维生素的合成。

（2）瘤胃、网胃和瓣胃的机械性运动 通过瘤胃、网胃和瓣胃的运动，使

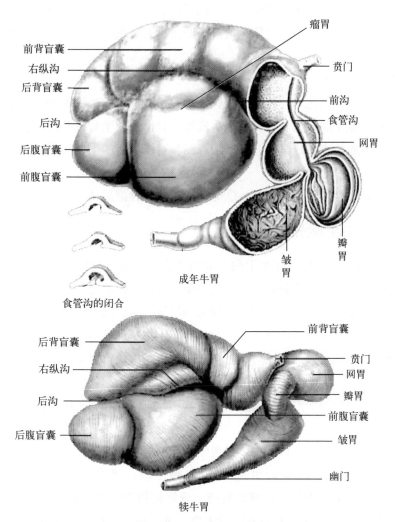

图2-4 成年牛与犊牛胃的比较

胃内容物混合、揉搓和浸润，完成反刍、嗳气功能，并将内容物向后推送。

（3）网胃沟的作用 网胃沟又称食管沟，起自贲门，止于网瓣胃孔。犊牛在吸吮乳汁或饮料时，能反射性地引起网胃沟的唇状肌肉卷缩，使网胃沟闭合成管状，因此乳汁或饮料不在前胃停留，而由食管经网胃沟和瓣胃管直接进入皱胃。

（4）反刍和嗳气 反刍动物在摄食时，饲料一般不经充分咀嚼，就匆匆吞咽进入瘤胃，通常在休息时饲料返回到口腔再仔细地咀嚼，这种独特的消化活动，叫作反刍。反刍可分四个阶段，即逆呕、再咀嚼、再混唾液和再吞咽。

瘤胃饲料发酵产生的气体，通过口腔排出的过程，称为嗳气，嗳气是一种反射动作。

4. 小肠内消化

（1）化学性消化　①胰液：包括胰蛋白分解酶、胰淀粉酶和胰脂肪酶。②胆汁：胆盐是胆汁酸与甘氨酸或牛磺酸结合形成的钠盐或钾盐，它是胆汁参与消化和吸收的主要成分。③小肠液：肠激酶能激活胰蛋白酶原，有利于蛋白质的消化。

（2）机械性消化　①蠕动；②分节运动；③钟摆运动。

（二）消化生理特点

1. 复胃　胃是槟榔江水牛的主要消化器官，包括瘤胃、网胃、瓣胃和皱胃四个胃。前三个胃无腺体分布，主要是贮存食物、进行微生物发酵，通过前三个胃的运动，使胃内容物混合、揉搓和浸润，完成反刍、嗳气功能，并将内容物向后推送。皱胃也称真胃，有腺体分布，在犊牛早期瘤胃未发育之前，对摄入食物的消化主要通过网胃沟直接进入皱胃，由皱胃完成。

（1）瘤胃　黏膜无腺体，棕褐色，无数乳头状突起，成年时占胃总体积的68.7%。用于食物的贮存和微生物发酵，粗纤维的分解和利用，蛋白质和糖类的分解和合成及维生素的合成。水牛采食时把大量饲料贮存在瘤胃内，休息时将大的饲料颗粒反刍入口腔内，慢慢嚼碎后的饲料迅速通过瘤胃，为再次摄入饲料提供空间。同时，唾液也进入瘤胃，调控 pH。水牛 70% 的粗饲料在瘤胃被消化。瘤胃微生物分泌纤维分解酶，分解植物细胞壁。瘤胃壁吸收 75% 的低级脂肪酸，满足 50% 左右的能量需要。进入瘤胃的蛋白质 60%～70% 被降解，产物或用于合成菌体蛋白，或被直接吸收，或形成尿素排出体外，或进入唾液—瘤胃尿素循环。

（2）网胃　球形，内壁呈蜂窝状，成年时占胃总体积的 5.6%，瘤胃和网胃并不完全分开，饲料颗粒可以自由地在两者之间移动。网胃的主要功能如同筛子，随着饲料吃进去的异物，如钉子和铁丝，都存其中。

（3）瓣胃　内壁有多层纵膜，成年时占胃总体积的 15.7%。对食物进行机械压榨，吸取多余水分。

（4）皱胃　也称真胃，成年时占胃总体积的 10.0%。其功能与单胃动物的胃相同，黏膜内分布腺体，胃腺分泌胃液、盐酸和胃蛋白酶，使食糜变湿。能消化部分蛋白质，基本不消化脂肪、纤维素或淀粉。

2. 小肠　包括十二指肠、空肠和回肠，它们在腹腔内形成许多半环状盘曲，在腹腔内的活动范围较大，是消化吸收的主要器官。

3. 大肠　包括盲肠、结肠和直肠，大肠在外观上与小肠明显不同，管径明显增粗或者有许多囊状膨隆。未被消化的食物进入大肠，脱水后形成粪便。

第二节　体型外貌

一、槟榔江水牛与其他水牛体型外貌的比较

槟榔江水牛与世界著名的摩拉水牛、地中海水牛等河流型水牛品种表现出较近的遗传关系，其母系血统来源为河流型水牛。槟榔江水牛的外貌特征（彩图2）与摩拉水牛相似，仅体型比摩拉水牛小，但与沼泽型的德宏水牛，无论从外貌还是体型都具有较大差别，详见表2-1。

表2-1　槟榔江水牛与德宏水牛和摩拉水牛的比较

项目	槟榔江水牛	德宏水牛	摩拉水牛
头部	头长窄，公牛粗重，母牛清秀，耳壳薄，平伸，鼻镜、眼睑黑色，角基扁，角形有螺旋形、小圆环形、后倒向前弯曲形等5种，角质黑色	额宽，公牛粗重，母牛清秀，耳壳薄，平伸，鼻镜、眼睑黑色，角后弯呈弧形，角基方，角质灰黑	公牛粗重，母牛清秀，耳壳薄，平伸，鼻镜、眼睑黑色，角基扁，角呈螺旋形，角质黑色
前躯	无肩峰和颈垂，胸垂不发达，颈细，水平颈，颈胸部无"白胸月"	无肩峰、颈垂和胸垂，前躯发达，倒楔形，颈胸部有"白胸月"	无肩峰和颈垂，胸垂发达，公牛颈厚，母牛颈薄，水平颈，颈胸部无"白胸月"
后躯	背腰平直，斜尻，母牛后躯发达，楔形，乳静脉明显，乳房发育良好	背腰平直，斜尻，乳静脉不明显，乳房小，尾根粗	背腰平直，斜尻，母牛后躯发达，楔形，乳静脉明显，乳房发育良好
四肢	肢势良好，蹄质坚实，蹄大而圆，黑色	肢势良好，蹄质坚实，蹄大而圆，黑色	肢势良好，蹄质坚实，蹄大而圆，黑色
被毛及皮肤	被毛稀短，皮薄黝黑，被毛黑色，大腿内侧、腹下毛色淡化，未成年个体毛尖棕黑色，20%个体蹄部有白毛	被毛稀短，皮厚粗糙，皮肤瓦灰色；有少量个体为白毛，皮肤粉红色	被毛稀短，皮薄黝黑，被毛黑色，大腿内侧、腹下毛色淡化

二、体重和体尺

槟榔江水牛体型中等，成年公牛体重（639.7±39.8）kg，体高（138.7±3.56）cm，体斜长（147.7±5.28）cm，胸围（197.5±6.36）cm，管围（21.9±0.91）cm；成年母牛体重（487.8.18±42.1）kg，体高（125.5±4.98）cm，体斜长（136.2±6.66）cm，胸围（194.40±7.35）cm，管围（19.6±0.86）cm。槟榔江水牛不同生长阶段体重和体尺情况见表2-2所示。

表2-2　槟榔江水牛不同阶段体重和体尺测定统计

月龄	性别	数量（头）	体重（kg）	体高（cm）	十字部高（cm）	体斜长（cm）	胸围（cm）	腹围（cm）	管围（cm）	腰角宽（cm）	胸宽（cm）	胸深（cm）	臀端宽（cm）	尻长（cm）
初生	♂	173	34.35±4.58											
	♀	177	32.84±4.27											
3	♂	145	86.7±9.67											
	♀	153	80.7±9.86											
6	♂	102	129.8±13.8	97.6±4.81	98.4±4.52	94.1±5.29	125.6±4.82	135.0±8.13	14.9±0.91	30.2±2.6	26.2±2.8	43.8±3.5	12.7±1.9	31.1±5.2
	♀	138	123.2±13.4	95.5±5.55	96.6±3.93	93.3±5.49	124.0±9.84	133.4±10.03	14.4±0.86	30.5±3.71	25.6±3.14	43.8±4.39	11.8±1.14	30.1±1.98
12	♂	63	228.3±21.9	110.5±5.07	114.6±4.25	113.8±7.06	149.9±9.19	159.7±12.32	16.7±1.25	38.5±3.28	31.0±3.03	53.5±2.79	16.6±1.31	34.1±1.98
	♀	129	214.9±25.4	109.7±5.71	114.4±4.33	112.6±5.59	149.3±8.85	157.2±9.95	16.2±0.98	39.1±2.96	30.1±3.06	53.1±2.77	16.7±1.46	34.3±3.23

（续）

月龄	性别	数量（头）	体重（kg）	体高（cm）	十字部高（cm）	体斜长（cm）	胸围（cm）	腹围（cm）	管围（cm）	腰角宽（cm）	胸宽（cm）	胸深（cm）	臀端宽（cm）	尻长（cm）
18	♂	36	351.6 ±20.4	123.8 ±4.72	125.9 ±4.98	132.1 ±4.54	175.2 ±5.6	187.3 ±6.73	19.6 ±0.79	50.1 ±3.41	34.3 ±4.44	63.8 ±2.52	21.6 ±0.98	39.0 ±1.82
	♀	85	300.1 ±23.1	119.6 ±4.91	122.5 ±4.85	124.7 ±5.59	166.0 ±7.31	176.6 ±6.09	18.5 ±0.86	45.2 ±2.52	32.5 ±3.38	59.5 2.69	20.7 ±1.31	36.7 ±1.66
24	♂	33	483.9 ±17.9	131.3 ±4.45	133.0 ±3.58	147.8 ±5.31	195.8 ±8.12	218.5 ±6.21	21.7 ±0.76	58.9 ±2.23	37.9 ±2.74	73.6 ±2.28	25.5 ±2.35	43.5 ±1.35
	♀	79	399.0 ±20.4	128.5 ±4.21	130.2 ±4.47	139.6 ±5.14	186.0 ±5.56	199.4 ±7.41	19.9 ±0.83	55.2 ±3.49	35.4 ±3.44	67.5 ±3.21	24.0 ±2.48	40.9 ±2.39
36	♂	25	639.7 ±39.8	138.7 ±3.56	136.1 ±3.94	147.7 ±5.28	197.5 ±6.36	224.8 ±7.96	21.9 ±0.91	58.8 ±3.76	40.9 ±3.72	76.3 2.72	27.3 3.32	44.2 ±1.86
	♀	68	487.8 ±42.1	125.5 ±4.98	127.3 ±4.92	136.2 ±6.66	194.4 ±7.35	228.3 ±8.47	19.6 ±0.86	56.6 ±3.48	37.0 ±3.56	72.7 ±3.49	25.6 ±1.85	42.2 ±1.76

　　槟榔江水牛随着年龄的增长，除管围外，各月龄的体重、体高、体长和胸围、腹围等体尺指标都增长明显。0～3月龄犊牛随母牛哺乳，体重增长最快；3～6月龄哺乳量减少后，犊牛精料和优质牧草跟不上，加之犊牛瘤胃发育不完全，体重增长减缓；24月龄以后，体重增长最慢。槟榔江水牛前期体重增长明显，后期趋于缓慢。在9月龄前，公牛和母牛体重相差不大，但8月龄后公牛的体重明显大于母牛。

　　槟榔江水牛在幼年时由于新陈代谢旺盛，生长发育强度较大，随着年龄的增加，生长强度有下降趋势，表现在0～6月龄生长强度最大，6～36月龄，公牛、母牛的体重都有较大的生长潜力，体重随着年龄的增长而增长，36月龄后骨骼和肌肉不再生长，体重趋于稳定（图2-5）。

　　槟榔江水牛体尺生长除管围变化不大外，其余体尺基本与体重同步。18月龄以前体高增长较快，24月龄基本长定；公牛和母牛体高在12月龄相差不大，12月龄以后则是公牛体高高于母牛体高。9月龄以前公牛和母牛体高增长都比体长增长快，9月龄以后体高增长比体长增长慢；9月龄前母牛的体长大

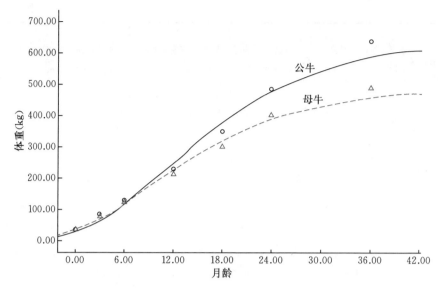

图2-5　不同月龄槟榔江水牛体重增长 Gompertz 模型曲线

于公牛体长，之后则是公牛体长大于母牛体长。18月龄前公牛的腹围略大于母牛腹围，之后亦然，且公牛和母牛腹围均大于胸围，公牛和母牛胸围变化不大（图2-6）。

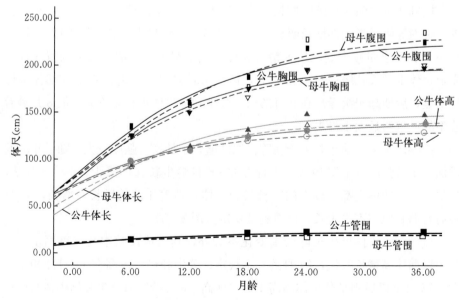

图2-6　不同月龄槟榔江水牛体尺增长 Gompertz 模型曲线

第三节　生产性能

生产性能又叫生产力，指家畜最经济有效地生产畜产品的能力。生产性能一般包括繁殖性能、生长性能、肉用性能、产奶性能和役用性能。随机械化程度的普及和提高，役用性能已逐步弱化。生产性能测定是指对家畜个体具有特定经济价值的某一性状的表型值进行评定的一种育种措施。通过生产性能测定可为家畜个体的遗传评估提供基础数据，为估计群体经济性状的遗传参数、评估畜群的生产水平、牧场经营管理、各类杂交组合类型的配合力测定和制定育种规划提供基础信息。

在生产实践中进行生产性能测定应遵循以下原则：测定的性状具有一定经济价值，考虑长远性价值，如乳用和肉用性状；测定性状的表现型具有一定的遗传基础；选取的性状应符合生物学规律和生产实际，不能活体测定或不方便测定的性状用相关的性状代替。

生产性能记录与管理测定结果应准确、完整和简洁，避免由于人工因素造成测定数据的错记、漏记甚至伪造数据；真实记录可能影响测定结果的系统效应，如年度、季节和地点等；记录的管理要便于经常调用和长期保存，如计算机管理和通过互联网共享等。

一、繁殖性能

槟榔江水牛公牛在 18～24 月龄进入初情期，出现性欲和爬跨反射，在 20～30 月龄性成熟，适配年龄是 30～36 月龄，4～11 岁配种能力最强。母牛在 20～30 月龄进入初情期，在 24～36 月龄初配。9—12 月为槟榔江水牛母牛的发情旺季，平均发情周期 21 d，发情持续期 36 h，一个发情期本交受胎率为 82%，人工授精受胎率为 45%。平均妊娠期为 312.4 d，犊牛成活率为 96.8%，产犊间隔平均为 428 d；寿命可达 19 岁，繁殖性能最强的年龄在 5～10 岁，一生可产犊 6～10 头；能繁母牛年产犊率为 64%，繁殖率为 60%。

影响水牛繁殖性能的因素除了品种和器质性问题外，最主要的是季节、饲粮营养水平和饲养管理。Byerley（1987）和 Perry（1991）认为，满足哺乳犊牛营养，可使其母牛受胎率增加 21.0%；Day（2013）报道，哺乳期生长速度及断奶时的体重对青年母牛的生长及妊娠影响较大，即满足营养，可提前配种。Das（2010）报道，环境、营养和饲养管理是导致水牛夏季乏情的主要原因，提供充足能量可减少乏情的概率；Antonia（2005）研究表明，水牛周岁体重每增加 10 kg，初次发情时间缩短 18 d，而日增重的高低与饲粮营养浓度直接相关，通过提高饲粮能量水平可提高生长速率，提前达到性成熟；Batth（2012）研究认为，泌乳水牛生长激素随能量水平不同而变化，除饲粮营养浓度直接影响到生长水牛的日增重外，还决定了青年母水牛发情年龄，最终影响其繁殖性能；Neelam（2013）认为，影响生殖过程的各种因素中，营养尤其是能量是重要因素；Sekerden（2013）认为，饲养和畜群管理是影响水牛繁殖产量的重要环境因子，在能量摄入不足的情况下，性成熟推迟、受胎率降低；Bauman（2011）对尼里-拉菲水牛和摩拉水牛的研究结果均表明，生长水牛的能量需要不仅要考虑到其适宜的日增重，对于种用水牛还应考虑能否充分发挥其繁殖性能；Cutrignelli（2011）和 Pasha（2013）证明，当犊牛饲粮粗蛋白质水平为 18% 时，可提前至 8～9 周龄断奶，当母犊达到 55%～60% 的成熟体重时可繁殖；Dahiya（2013）认为，重视公犊的营养及饲养管理，可提高公牛的精液质量，提高繁殖率。调整营养和环境因素可以减少第一次产犊的年龄和产犊间隔（Qureshi et al.，2002；Drost，2007）；断奶前和断奶后的饲喂水平极大地影响早期生长速率，能量摄入低是导致尼里-拉菲水牛繁殖率较低的原因。

我国水牛的发情旺季主要集中在夏季、秋季，尤其是 8—11 月。湖北的水牛发情旺季在 5—9 月（6—8 月为多），贵州的在 6—11 月，湖南的在 8—12 月，江西的在 8—11 月，福建的在 9—10 月，广西的在 8—11 月，而云南水牛发情旺季在 9 月至翌年 3 月。

母水牛的发情旺季绝大多数发生在 8 月以后，这可能是因为我国早稻种植期是 3—6 月，此时水牛刚刚经历冬季的牧草枯竭期，新草还未长成，水牛总体营养状况尚未恢复，而 6—7 月以后，天气酷热，共同影响母水牛发情周期的正常发生，该时期即使出现发情，配种后受胎率也不高，还易发生胚胎早期死亡和早期妊娠中止。

二、生长性能

（一）生长发育性状测定技术规程

参照《肉牛生产性能测定技术规范》（NY/T 2660—2014）。

(1) 体重（kg） 用地磅测量并记录每头牛的体重，连续 2 d 测定空腹重，取其平均值。犊牛出生后未吃初乳时测定初生重。测定时，要求用灵敏度 ≤0.1 kg 的磅秤称量，保留一位小数。

(2) 体高（cm） 自鬐甲最高点垂直到地面的高度，用测杖测量。

(3) 体斜长（cm） 从肩端至坐骨端的距离，用测杖测量。

(4) 胸围（cm） 在肩胛骨后缘处体躯的水平周径，其松紧度以能插入食指和中指自由滑动为准，用卷尺测量。

(5) 腹围（cm） 十字部（髋结节）前缘测量腹部最大处的垂直周径，用卷尺测量。

(6) 管围（cm） 绕左前肢管部上 1/3 最细处的周径，用卷尺测量。

水牛各测量部位见彩图 3。

（二）不同阶段的槟榔江水牛整体生长发育特点

1. 犊牛 水牛的初生重对犊牛以后的生长和健康都有直接影响。在双亲品种和基因型相同的情况下，其受母水牛的体重、年龄和健康的影响较大。

槟榔江水牛核心群犊牛平均初生重为：公犊（34.35±4.58）kg，母犊（32.84±4.27）kg，公犊初生重平均比母犊高 4.6%，公母犊比例为 100：102.3。

槟榔江水牛核心群采用犊牛早期补饲，犊牛可在 3 个半月就断奶，公犊平均断奶体重（91.16±9.67）kg，母犊平均断奶体重（88.97±9.86）kg，公犊比母犊重 2.19 kg，高 2.46%。初生到断奶，公犊和母犊平均日增重分别为 534 g 和 529 g，公犊比母犊多增 5 g。

2. 后备牛 6 月龄平均体重为：母牛（123.2±20.4）kg，公牛（129.8±17.8）kg，断奶至 6 月龄平均日增重：母牛 450 g，公牛 498 g。

12 月龄平均体重为：母牛（214.9±25.4）kg，公牛（228.3±31.9）kg。

18 月龄平均体重为：母牛（300.1±21.1）kg，公牛（351.6±24.4）kg。

24 月龄平均体重为：母牛（399±20.4）kg，公牛（483.9±17.9）kg。

3. 成年牛 36 月龄牛平均体重为：母牛（487.8±62.1）kg，公牛（639.7±59.8）kg，平均每头牛每天采食全株玉米＋玉米秸秆青贮料28.5 kg，自配精料 0.28 kg，平均每头牛每天饲料成本 12.24 元。

4. 不同生长阶段日增重 在相同饲粮水平和饲养管理下，槟榔江水牛公牛的日增重大于母牛。

（三）槟榔江水牛公牛各部位、各组织器官的生长发育特点

1. 槟榔江水牛公牛各部位、各组织器官的生长

（1）槟榔江水牛公牛各部位、各组织器官的增长规律　随着月龄的增长，槟榔江水牛公牛的胴体、皮毛、头、四肢蹄、尾、红内脏、全血、全脂肪、消化系统、生殖系统和泌尿系统重量随空体重（去除消化道内容物后的体重）的增加基本呈乘幂增加，其中增重最快的为脂肪和生殖系统，其他依次为消化系统、胴体、尾、泌尿系统、四肢蹄、皮毛、全血和红内脏，头增重最慢。

大内脏系统中各器官、系统随月龄的增长和空体重的增加变化不一，但均出现乘幂增长。其中生殖系统的增重最快，其次是消化系统，泌尿系统增重最慢，成年后消化系统的重量均趋于不变。

随月龄的增长和空体重的增加，心脏和肝脏均呈线性增加，肺和气管呈乘幂增加。增重最快的是肺和气管，最慢的是心脏。

（2）槟榔江水牛公牛部分组织的分化生长率　分化生长率是所研究的部分和器官在特定时间内的增长与整体相对生长的比例。当分化生长率等于1，表示局部与整体的生长速度相等；当分化生长率大于1，说明局部生长速度大于整体的生长，该部位为晚熟部位；当分化生长率小于1，说明局部生长速度小于整体的生长，该部位为早熟部位。

槟榔江水牛的头、四肢蹄、皮毛、胴体骨和皱胃的分化生长率均小于1，说明头、四肢蹄、皮毛、胴体骨和皱胃为早熟部位；尾、胴体、胴体肉、瘤胃、网胃和瓣胃的分化生长率均大于1，说明尾、胴体、胴体肉、瘤胃、网胃和瓣胃为晚熟部位。不同月龄槟榔江水牛部分组织的分化生长率见表2-3。

表2-3　不同月龄槟榔江水牛公牛部分组织的分化生长率

月龄	分化生长率									
	头	四肢蹄	尾	皮毛	胴体	胴体骨	胴体肉	瘤胃	网胃	瓣胃
0.17	0.54	0.82	0.20	0.11	1.92	0.23	4.26	0.12	0.14	7.31
1.20	0.17	0.96	0.69	0.03	1.05	0.82	1.22	0.16	1.11	1.30
2.20	2.89	3.08	0.24	0.77	0.37	0.33	3.06	0.21	0.75	0.03
5.10	0.28	0.43	0.97	0.10	1.25	0.83	1.21	3.98	0.96	2.12

月龄	分化生长率									
	头	四肢蹄	尾	皮毛	胴体	胴体骨	胴体肉	瘤胃	网胃	瓣胃
5.97	0.13	0.89	0.40	0.08	0.46	0.41	2.45	2.37	8.97	2.00
9.00	0.08	0.03	0.10	1.13	2.20	1.32	0.76	1.39	1.50	1.58
12.43	0.02	0.33	0.15	0.80	0.44	0.44	2.27	0.94	1.42	1.08
14.53	0.31	0.27	2.65	0.33	1.31	1.50	0.67	1.06	0.46	0.80
18.23	0.44	0.76	1.53	0.20	1.04	0.86	1.16	0.79	0.97	0.98
24.50	0.53	0.05	0.15	0.58	0.93	0.77	1.30	0.88	0.71	1.75
37.13	0.28	0.70	14.35	5.48	1.04	0.66	1.52	1.09	0.88	0.92

2. 槟榔江水牛的消化系统生长发育

（1）消化系统中的瘤胃、网胃、瓣胃和皱胃的变化　消化系统中的瘤胃、网胃和瓣胃随月龄的增长和空体重的增加均呈乘幂增长，皱胃呈指数增长。其中，瘤胃的增重最快，网胃、瓣胃次之，皱胃最慢。4 个胃在 6 月龄前增重均很快，18～24 月龄（空体重 300 kg 左右）时 4 个胃的重量基本不变，24 月龄以后 4 个胃的重量随月龄增长均又增加。

消化系统中的大肠和小肠随月龄的增长和空体重的增加均呈线性增长，脾和食管呈乘幂增长。其中小肠的增重最快，大肠次之，食管最慢。

槟榔江水牛的瘤胃、网胃、瓣胃、皱胃的雏形在妊娠 60 d 左右就已形成。初生犊牛最大的是皱胃，占到 4 个胃总重的 40% 左右。伴随着犊牛的生长发育，犊牛对饲料结构需求发生变化，逐渐开始增加采食植物性饲料，这时的胃室，除皱胃以外的其他 3 个胃室（瘤胃、网胃、瓣胃）的体积和在 4 个胃总重中所占的比例迅速扩大。当达到 6 月龄左右时，4 个胃室的体积比例跟成年牛的胃室比例相当。

刚出生的犊牛的大肠和小肠的重量占了整个消化道的 70%～80%，随着犊牛日龄的增长和结构功能的逐渐完善，犊牛肠道的比例趋于稳定，但刚出生的犊牛肠道所占比例远高于成年牛。随着饲料结构的改变和犊牛发育年龄的变化，大肠和小肠在肠道中所占比例发生变化，大肠的比例趋于稳定，而小肠的比例在逐渐下降。

不同空体重情况下槟榔江水牛内脏系统重量组成见表 2-4。

表 2-4 不同空体重情况下槟榔江水牛公牛内脏系统组成

单位：kg

空体重	瘤胃	网胃	瓣胃	皱胃	大肠	小肠	脾	食管	心脏	肝	肺、气管
24.82	0.11	0.13	0.24	0.23	0.30	0.36	0.09	0.05	0.12	0.53	0.54
54.58	0.19	0.13	0.10	0.30	0.50	0.45	0.22	0.05	0.60	1.21	1.02
64.72	0.46	0.25	0.21	0.40	0.70	1.05	0.25	0.12	0.63	1.22	1.01
65.76	1.07	0.17	0.22	0.47	0.95	1.60	0.23	0.25	0.72	1.04	1.14
117.14	2.48	0.36	0.89	0.50	0.70	2.10	0.35	0.35	1.05	1.55	1.46
138.17	2.79	0.45	0.73	0.44	2.05	2.10	0.30	0.30	1.54	1.64	1.80
145.53	1.86	0.23	0.37	0.30	2.10	2.10	0.33	0.27	1.40	1.65	1.75
174.40	2.48	0.35	0.51	0.41	2.05	3.05	0.37	0.30	1.70	2.12	2.12
202.19	4.20	0.44	0.76	0.65	3.18	3.03	0.41	0.42	1.77	2.27	2.17
256.89	3.35	0.36	0.62	0.59	3.35	3.95	0.65	0.45	2.43	2.73	3.22
379.47	5.37	0.52	1.38	0.90	3.70	4.00	1.01	0.60	2.95	3.90	4.00
513.00	16.53	1.35	3.77	2.41	6.15	7.55	2.15	1.50	4.10	5.34	10.12

试验获得槟榔江犊牛 5 日龄、45 日龄、90 日龄和 180 日龄 4 个胃空重（彩图 4）与犊牛日龄增长呈指数回归关系，拟合度均在 0.93 以上（图 2-7、图 2-8）。

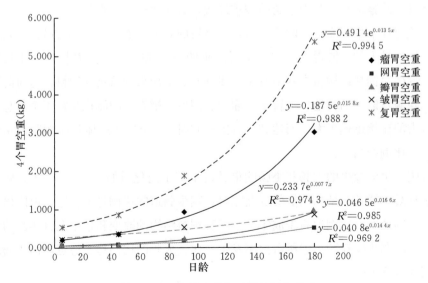

图 2-7 4 个胃空重与日龄的回归关系

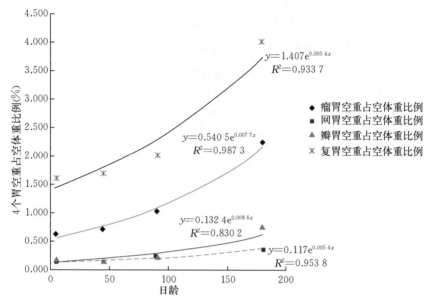

图 2-8　4 个胃空重占空体重比例与日龄的回归关系

（2）瘤胃乳头的发育　瘤胃的组织形态学发育由瘤胃的乳头长度、宽度、密度、瘤胃壁的厚度以及每平方厘米瘤胃乳头的表面积作为评定指标，其中瘤胃乳头的高度是评定瘤胃的指标中最重要的因素，其次是瘤胃乳头的宽度以及瘤胃壁的厚度。

瘤胃乳头是分布在瘤胃黏膜上皮的小突起，一个瘤胃壁上乳头数量大约为 25 万个，使上皮表面积增加 6～7 倍。瘤胃乳头有助于瘤胃内壁吸收挥发性脂肪酸，提高能量的利用率。学者 Zitan 认为早期断奶的瘤胃乳头的表面积相对于一般性饲养的犊牛要大。研究发现，瘤胃乳头的发育受饲料的物理形态的影响，采用粉末状饲料或者磨碎的饲料饲喂的犊牛的瘤胃乳头较短，且乳头的表面积也小；犊牛所采食饲料的能量高低也会影响瘤胃乳头的发育，当犊牛饲喂低能量饲料时，瘤胃乳头会逐渐退化；反之，采食高能量的饲料时会促进瘤胃乳头的发育。Harve 研究发现，从饲喂高能量的日粮转变为低能量的日粮的瘤胃乳头的高度变小并且出现退化。

初生犊牛瘤胃乳头较短，平均 0.99 mm，在犊牛 15 日龄时，瘤胃乳头高度没有明显变化，在犊牛 21～28 日龄时，由于采食类型的改变，乳头高度变化较明显，约 2.88 mm（金曙光 等，1998）。槟榔江水牛犊牛瘤胃不同部位乳头高度和瘤胃壁厚度表现为 5 日龄高于 45 日龄，而乳头宽度变化不大，之后瘤胃乳头高度、瘤胃乳头宽度和瘤胃壁厚度随日龄增长呈增加趋势（表 2-5，图 2-9），瘤胃乳头密度随日龄增长呈下降趋势。

表 2-5　槟榔江水牛犊牛瘤胃组织形态随日龄的变化（μm）

瘤胃部位	项目	日龄			
		5	45	90	180
瘤胃前背盲囊	瘤胃乳头高度	630.31±161.02	469.64±93.65	809.76±143.10	9 078.89±738.38
	瘤胃乳头宽度	189.65±36.82	189.50±59.36	220.28±43.94	307.31±137.10
	瘤胃壁厚度	1 799.07±212.63	1 799.02±330.10	2 799.43±563.18	3 181.34±499.21
瘤胃后背盲囊	瘤胃乳头高度	738.48±294.11	452.49±114.83	1 150.97±250.31	4 674.17±559.99
	瘤胃乳头宽度	164.02±32.94	199.32±53.05	225.30±56.47	254.68±68.05
	瘤胃壁厚度	1 830.33±228.85	1 562.79±383.29	2087.16±579.96	2 593.99±631.42
瘤胃前腹盲囊	瘤胃乳头高度	515.93±167.44	354.49±128.32	485.45±103.01	853.52±394.09
	瘤胃乳头宽度	162.85±40.38	190.92±63.71	217.08±42.92	244.25±55.03
	瘤胃壁厚度	2 149.53±443.12	1 600.24±308.60	2 951.81±672.51	2 765.07±443.16
瘤胃后腹盲囊	瘤胃乳头高度	670.83±223.12	348.83±99.40	1 027.19±91.14	7 298.78±799.38
	瘤胃乳头宽度	163.97±48.21	169.98±46.09	222.90±60.75	274.40±171.25
	瘤胃壁厚度	1 807.43±353.18	1 663.84±341.17	2 383.97±540.97	2 487.46±509.17

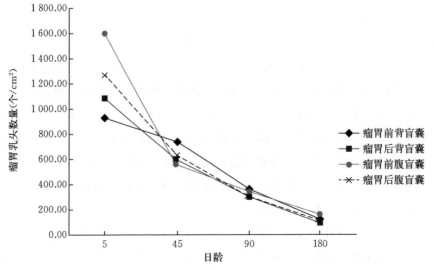

图 2-9　槟榔江水牛犊牛瘤胃单位面积乳头数量随日龄的变化趋势

随着年龄的增长，瘤胃背囊和腹囊上的乳头高度、乳头宽度、固有膜厚度也在逐渐增加，而单位面积内的乳头个数差异不显著；从5日龄到179日龄乳头高度发育比较迅速，从0.3 cm增长到6.6 cm。

（3）犊牛肠道的发育　随着犊牛日龄的增长对干饲料的采食量逐渐增加，消化系统中肠道的结构和功能也逐渐发育成熟。新生幼畜的肠道占整个消化道的比例接近单胃动物，为70%～80%，大大高于成年反刍动物（30%～50%），随着日龄的增长和日粮的改变，小肠所占比例逐渐下降，大肠的比例基本保持不变。

在犊牛阶段，各器官都尚未发育完善，尤其是在断奶前消化系统方面瘤胃还处于初步发育的状态，瘤胃的消化吸收功能还比较弱。这时，犊牛消化营养物质主要靠小肠。小肠由空肠、十二指肠和回肠三部分组成，空肠又分为前段、中段和后段。

小肠发育的好坏是由其绒毛高度、隐窝深度、绒毛高度与隐窝深度的比值、黏膜厚度以及肠壁厚度等指标来评定的（周金星 等，2005；杨倩 等，2001）。小肠绒毛高度的增加，意味着小肠与营养物质的接触面积会增大。肠上皮细胞在隐窝生成，从隐窝向上到达绒毛顶端会慢慢分化成熟，到达绒毛顶端后完全成熟的肠上皮细胞具有完整的分泌和吸收功能。隐窝变深会导致细胞上升到绒毛顶端的时间变长，成熟上皮细胞数量会减少，小肠的消化吸收功能降低，隐窝变浅则说明成熟上皮细胞增多，小肠消化吸收功能增强。所以小肠绒毛高度越高，分布均匀整齐，隐窝深度越浅，肠上皮细胞发育则越好，小肠对营养物质吸收的能力则越强（韩正康，1993）。

槟榔江水牛犊牛5～180日龄小肠空重和大肠空重、小肠长度和大肠长度均呈缓慢增长趋势（图2-10）。

槟榔江水牛犊牛在5～180日龄小肠空重占空体重比例和大肠空重占空体重比例变化不大，但小肠是45日龄比例较大，而大肠是5日龄比例较大（图2-11）。

槟榔江水牛犊牛在5～180日龄时小肠绒毛高度、隐窝深度和黏膜厚度组织形态变化为：十二指肠和空肠随犊牛日龄增长而增高，45日龄绒毛高度最高，回肠则随犊牛日龄的增长而降低；小肠各段肠壁厚度随犊牛日龄增长而增厚，但空肠后段肠壁厚度则相反，即随犊牛日龄增长而肠壁厚度变薄（表2-6）。

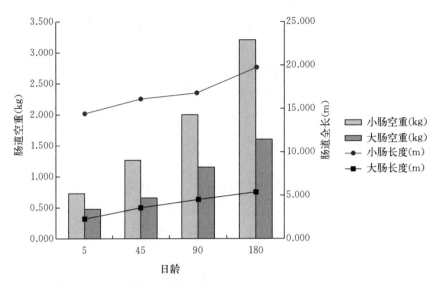

图 2-10　肠道空重与日龄的关系

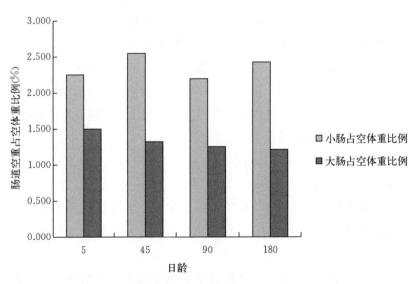

图 2-11　肠道空重占空体重比例与日龄的关系

　　（4）瘤胃液挥发性脂肪酸（VFA）的变化　挥发性脂肪酸的含量影响着反刍动物消化器官的发育，瘤胃液中挥发性脂肪酸的含量影响着反刍动物瘤胃组织的发育（图 2-12）和瘤胃微生物的组成。

表 2-6　槟榔江水牛犊牛肠道组织形态随日龄的变化 （μm）

肠道部位	项目	日　龄			
		5	45	90	180
十二指肠	绒毛高度	289.22±85.51	496.55±75.12	425.03±73.42	374.70±68.76
	隐窝深度	240.55±63.30	365.84±60.94	320.99±64.74	293.43±67.48
	绒毛高度/隐窝深度	1.25±0.17	1.39±0.26	1.35±0.20	1.31±0.21
	黏膜厚度	556.93±149.81	908.00±109.94	785.33±128.16	709.38±127.19
	肠壁厚度	1 532.97±253.76	2 025.58±281.61	1 927.64±239.11	1 776.16±204.24
空肠前段	绒毛高度	439.34±83.89	515.49±97.45	479.38±94.56	428.38±84.30
	隐窝深度	331.64±78.79	386.31±88.73	360.30±73.29	337.56±70.44
	绒毛高度/隐窝深度	1.33±0.18	1.37±0.25	1.35±0.23	1.28±0.15
	黏膜厚度	815.29±115.29	943.47±174.13	881.66±159.92	807.28±155.24
	肠壁厚度	1 686.06±492.02	2 083.57±667.33	1 927.98±408.64	1 977.44±933.92
空肠中段	绒毛高度	490.11±184.74	544.63±112.25	533.46±150.65	497.57±99.28
	隐窝深度	379.77±108.68	407.53±92.72	413.98±118.03	395.28±79.52
	绒毛高度/隐窝深度	1.32±0.17	1.36±0.23	1.31±0.22	1.27±0.17
	黏膜厚度	946.77±149.97	995.31±193.36	991.91±258.72	936.59±168.91
	肠壁厚度	1 908.19±340.55	2 288.64±54.45	1 986.63±593.02	2 159.11±326.70
空肠后段	绒毛高度	449.23±67.17	502.23±109.92	438.41±81.77	397.37±70.98
	隐窝深度	364.36±60.86	407.53±87.37	330.27±77.68	296.09±47.03
	绒毛高度/隐窝深度	1.24±0.11	1.24±0.17	1.35±0.18	1.35±0.18
	黏膜厚度	852.86±123.25	946.59±187.56	809.77±156.07	741.94±105.55
	肠壁厚度	2 899.83±519.76	2 140.19±390.84	2 049.35±502.92	1 737.94±428.76
回肠	绒毛高度	441.73±53.43	402.45±42.34	405.73±78.49	344.57±59.92
	隐窝深度	325.22±46.97	325.73±43.54	293.72±70.28	241.49±54.49
	绒毛高度/隐窝深度	1.37±0.17	1.25±0.14	1.41±0.21	1.46±0.28
	黏膜厚度	806.37±90.65	769.13±75.69	740.39±140.01	632.41±104.89
	肠壁厚度	2 624.83±388.47	3 280.87±858.52	3 615.03±719.76	3 259.68±631.71

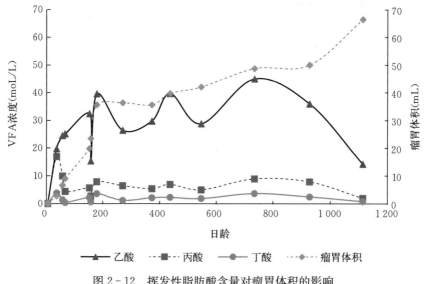

图 2 - 12　挥发性脂肪酸含量对瘤胃体积的影响

　　瘤胃液中挥发性脂肪酸出现的先后顺序是乙酸、丙酸、异丁酸、丁酸、异戊酸、戊酸。从含量上来看，乙酸和丙酸是挥发性脂肪酸中含量最多的两个，从发育年龄来看，5～179 日龄之间，除了 5 日龄的犊牛没有采集到瘤胃液外，其余日龄阶段的挥发性脂肪酸含量差异显著，挥发性脂肪酸中的丁酸对瘤胃上皮的刺激作用最为显著，其次是丙酸/乙酸的比例；丁酸影响瘤胃乳头的发育进而刺激瘤胃的发育；结合瘤胃体积来看，挥发性脂肪酸含量的大小，尤其是丁酸浓度含量越高，丙酸/乙酸的比例越低，对槟榔江水牛瘤胃发育有促进作用。

　　随年龄增长，饲料的组成和形态以及挥发性脂肪酸、pH 和瘤胃微生物等多种因素都可影响犊牛瘤胃组织的发育。因此，在反刍动物发育的各个年龄阶段，需要根据此阶段发育的需要制定不同日粮配方，这样有利于促进反刍动物整个消化道的发育，进而促进反刍动物整个机体的发育。

　　3. 槟榔江水牛公牛胴体骨和胴体肉的增长　胴体骨和胴体肉随月龄的增长和空体重的增加均呈线性增长，胴体肉增长最快。随月龄的增长和空体重的增加，胴体肉中的各级别肉均呈线性增长。累积增重最快的是三级肉（肩肉、胸肉、腹肉、膈肉和肋间肌），其次为二级肉（臀肉），第三为四级肉（腱子肉和脖肉），最慢的为特级肉（表 2 - 7）。

表 2-7 不同月龄槟榔江水牛公牛胴体组成

单位：kg

空体重	胴体骨	胴体肉	特级肉	一级肉	二级肉	三级肉	四级肉
24.82	6.8	5.26	0.18	0.26	0.47	2.69	1.67
54.58	9.65	23.35	0.85	2.05	7.25	8.95	4.25
64.72	11.21	28.05	1	2.5	8.65	10.85	5.05
65.76	11.4	26.65	0.8	2	8.05	10.3	5.5
117.14	19.7	51.65	1.95	4.25	16.35	21	8.1
138.17	20.8	59	2	5.3	16.7	26.25	8.75
145.53	24.2	66.15	2.2	6.65	19.7	27.05	10.55
174.4	25.75	76.15	2.45	6.65	19.9	36.5	10.65
202.19	32	88.03	2.7	6.75	25.33	41.95	11.3
256.89	39.75	113.3	3.95	10.95	33.3	47.45	17.65
379.47	54.15	169.45	5.45	16.45	47.25	70.55	29.75
513	67.45	236.36	7.82	18.7	62.9	111.97	34.97

三、肉用性能

(一) 屠宰和肉质性状测定技术规程

参照《肉牛生产性能测定技术规范》（NY/T 2660—2014）。

1. 胴体性状测定

（1）宰前重（kg） 宰前禁食 24 h 后，用灵敏度≤0.1 kg 的磅秤称量牛的活重，记录结果，保留一位小数。

（2）胴体重（kg） 宰杀放血后去掉皮、头、蹄（跗关节、腕骨以下）、尾（尾椎连接处）、内脏（不包括肾和肾周脂）及生殖器（母牛去除乳房）、腹脂后剩余的牛体重，保留一位小数。

（3）空体重（kg） 宰前活重减去胃肠道和膀胱内容物后的重量，保留一位小数。

（4）净肉重（kg） 胴体去骨后，包括肾和肾周围脂肪的重量，保留一位小数。

（5）胴体骨重（kg） 胴体去掉肉后的骨头重量，保留一位小数。

（6）屠宰率（％）　胴体重与宰前活重之比。屠宰率＝(胴体重/活重)×100％。

（7）净肉率（％）　去骨后的胴体重量占宰前活重的百分比。净肉率＝(净肉重/宰前活重)×100％。

（8）胴体产肉率（％）　净肉重占胴体重的百分比。胴体产肉率＝(净肉重/胴体重)×100％。

（9）骨重（kg）　胴体剔骨后，用灵敏度≤0.1 kg 的磅秤称量全部骨头重，记录结果，保留一位小数。剔骨时，要求骨头带肉不超过 2 kg。

（10）眼肌面积（cm²）　屠宰后，取左半胴体，将第 12 肋至第 13 肋间的眼肌垂直切断，用方格透明卡片直接计算出眼肌面积（每一小格为 1 cm²）。

（11）背膘厚（cm）　屠宰后，取左半胴体第 12 肋至第 13 肋间眼肌横切面，从靠近脊柱一端起，在眼肌长度的 3/4 处，垂直于外表面测量背膘厚度。

牛胴体鲜肉分割见图 2 - 13 所示。

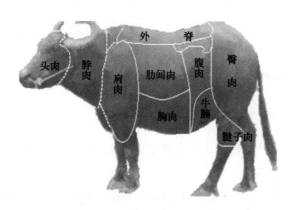

图 2 - 13　牛胴体鲜肉分割示意

2. 肉质性状及测定方法

（1）大理石花纹　肌肉的大理石花纹指的是脂肪沉积在肌束和肌纤维之间而形成的可见斑点，因其酷似大理石的花纹而得名。大理石花纹是衡量牛肉品质的重要指标，它的多少影响着牛肉的多汁性、风味和嫩度等，也影响着牛肉的品质等级，还直接影响人们第一视觉感官，是消费者做出是否购买决定的主要依据之一。大理石花纹越丰富，肉相对越嫩，剪切力值越低，嫩度越高，多汁性越好，风味也就越佳。肌肉大理石花纹的形状和等级受脂肪组织的沉积部位、沉积面积及分布影响。当肌内脂肪达到一定比例且分布比较均匀时，牛肉断面即呈现出美丽的大理石花纹，这样的牛肉质地鲜嫩、柔软、多汁，是理想的肉品。大理石花纹一般根据第 12 肋至第 13 肋间背最长肌横切面的可见脂肪划分等级，肌内脂肪含量越高、大理石花纹分布越均匀的牛肉得分越高，等级也越高。我国科技工作者把牛肉的大理石花纹等级分为 6 级，1 级最好，6 级最差；美国把牛肉的大理石花纹分为特（等）级、优（等）级、良（好）级、中（等）级、差（等）级 5 个级别；日本则分为 12 个等级，第 1 级最差，第 12 级最好。

测定方法：在室内自然光下，以美式 NPPC 标准图谱为参照，根据新鲜牛肉横切面大理石花纹进行评分，只有少量痕迹为 1 分，微量为 2 分，少量为 3 分，适量为 4 分，大量为 5 分。

（2）pH　肌肉的 pH，直接反映糖原酵解的程度，是判定肉品质时最重要的指标之一。研究表明，pH 直接影响肉的适口性、嫩度、系水力、肉色等。正常生理状态时肌肉 pH 为 7.35～7.45，刚被屠宰动物的新鲜肉 pH 为 6.5～6.8，有时甚至达到 7.2。当肉的 pH＞6.8 时，则容易滋生腐败菌，使蛋白质分解产生臭味和有毒物质；当 pH＜5.5 时，牛肉酸化速度加快，从而引起肌浆蛋白的溶解度下降，甚至在肌纤维上沉淀，肉的凝体结构遭到破坏，使肉的颜色变淡，质地变松软，保水性能降低，肉的表面会有液体渗出。

影响肉 pH 的主要因素是肌糖原酵解的速度与强度，屠宰后生理代谢终止，肌纤维贮存的肌糖原发生无氧酵解反应，乳酸逐渐增多导致 pH 下降，另外 ATP 分解产生的磷酸或肉吸收空气中的 CO_2 等也会引起 pH 的下降。pH 在宰后的几小时内迅速降到 5.4～5.6，如果肉的 pH 下降过快，会造成肌肉失水、蛋白质变性、肉色灰白，而产生 PSE（pale soft exudative）肉。将新鲜肉排酸 24 h 后，肉的 pH 迅速下降，肌肉处于僵直状态，但随排酸时间的延长，肌肉的僵直状态逐渐解除，肉品 pH 开始上升，最终达到 6.0 左右。

测定方法：使用雷磁 PHBJ－260 型便携式 pH 计，将插入式电极插入背最长肌或股二头肌 2 cm 深处，同时将温度探头插入靠近电极处，待显示屏上的数值稳定后，记录数据。每块肉样在不同位置测定 3 次，取平均值为该肉样的 pH。

（3）肉色　肉色是消费者对肉品质最直接的判断，也是决定消费者是否购买的重要外观因素。肉色是动物机体肌肉组织的生理学、生物化学和微生物学变化的一种易于识别的外部体现，是肌肉外观评定的重要指标之一。目前，用来测色的仪器有很多，例如分光光度计、色差仪等。常用的肉色系统有 CIE L* a* b* 和 Hunter L* a* b*，其中 CIE L* a* b* 最常用。CIE L* a* b* 表色系统，亦称 $L^*a^*b^*$ 表色系，主要是根据光学原理，用专用的肉色测定系统进行测定。L^* 称为明度系数，L^* 值从 0 到 100 表示肉色由黑逐渐变白，它受肌红蛋白（Myoglobin，Mb）含量和肌肉中脂肪沉积量影响，肌红蛋白是色素的基本成分，约占总色素的 67%。肌红蛋白有紫红色还原型肌红蛋白、鲜红色氧合肌红蛋白和深褐色高铁肌红蛋白这三种存在形式，当三种存在形式的含量不同时，肉色则表现出不同的特征。因此，肌红蛋白的数量和化学状态在很大程度上决定着肉色。a^* 为红度值，值由负到正的变化表示肉色由红色逐渐变为绿色。b^* 为黄度值，值由正变到负表示肉色由黄色逐渐变为蓝色。a^*、b^* 值决定色调。一般认为鲜樱桃红的牛肉色泽是最佳肉色。动物屠宰后，若将其肉暴露在空气中，肌红蛋白中的 Fe^{2+} 与空气中的氧结合后会生成氧合肌红蛋白，肉的颜色会从深红色变为鲜红色；若将肉更长时间暴露在空气中，氧合肌红蛋白被氧化为 Fe^{3+} 肌红蛋白，则肉的颜色将从鲜红色变为褐色，褐色是消费者觉得不新鲜的颜色。除此之外，影响肉色的因素还包括动物种类、年龄、性别、日粮组成等，通常新鲜牛肉呈深红色，比新鲜猪肉的肉色深，雄性动物肉色比雌性动物的肉色深，年龄大的动物比年龄小的动物肉色深，日粮的组成也会对肉色产生一定的影响。

测定方法：垂直切取待测肉样（5 cm×5 cm×0.5 cm）3 块，放在 DY-300 便携式色差仪上分别测定肌肉亮度（L^*）、红色度（a^*）、黄色度（b^*），取平均值为该肉样 L^*、a^*、b^* 值。

（4）系水力　肌肉系水力，又称肌肉保水力，是指在肌肉受外力及各种外在因素，如加压、切碎、加热、冷冻、融化、贮存、加工等作用影响下，保持水分的能力。系水力影响肉的质地、风味、营养成分、多汁性、嫩度和色泽等食用品质，是评定肉质的一项重要指标。系水力受品种、年龄、营养水平、动物的体况、pH、肌肉部位等因素影响。一般牛肉含水量 60%，其中 3%～5% 为结合水，95%～97% 为游离水。

系水力的测定方法包括：①施加外力，如加压法，一般对鲜肉施加 35 kg 力保持 5 min 测定施力前后的重量差，计算其失水率（Ratio of water loss），失水率越大，系水力越差；②不施加任何外力，如滴水法，将肉在 0～4 ℃ 环境悬挂 48 h 后，称量滴下的汁液重量后计算滴水损失，滴水损失越高，肌肉系水力越低；③施加热力，蒸煮损失指牛肉在特定温度的水浴中加热一定时间后其减少的重量，用熟肉率来反映烹调水分的损失，蒸煮损失与肉的系水力紧密相关，熟肉率越高系水力越高。

用改进后 WW - ZA 型应变式无侧限压力仪测定，宰后 2 h 内，取背最长肌和股二头肌肉样（3 cm×3.5 cm×2 cm），天平（精确度 0.001 g）称重，在肉样上、下各垫 18 层滤纸，夹于玻板中，放在压缩仪测台上，加压至 35 kg 处保持 5 min，取下肉样称重。按下式计算：

$$失水率＝（1－加压后肉样重÷加压前肉样重）×100\%$$

（5）嫩度　肉的嫩度指的是人们在食用咀嚼肌肉的过程中，肌肉被咀嚼消化进食的难易程度，是人们在主观上最容易判断食用品质的指标，也是人们最关心的指标。它决定了肉在食用时口感的老嫩，是畜肉品质的一个重要方面。物种、品种、性别、年龄、不同肌肉部位及家畜自身的营养状况等是影响嫩度的主要因素，此外，屠宰工艺以及宰后的处理方式，如电刺激、低温熟化等也是影响肌肉嫩度的重要因素。物种和品种对嫩度的影响较大，从物种来看，牛肉、羊肉嫩度一般比猪肉的要差。年龄也是影响嫩度的重要因素，随着年龄的增长，肌肉中可溶性胶原蛋白交联数目不断增多导致肌肉嫩度逐渐降低，结缔组织的成熟交联增多，肉质就越来越老，年龄小的畜禽肉比年龄大的要嫩。不同肌肉部位，其嫩度也不同，嫩度由大到小为：腰大肌＞背最长肌＞股二头肌。不同性别之间，阉畜由于性征不发达，活动减少，沉积脂肪的能力增强，肉的嫩度比公畜要大。

测定肉的嫩度一般有两种方式。一种是由感官评定小组对肉进行品尝，根据入口后被咬开的难易程度、是否容易被嚼碎和咀嚼后口腔内剩余的残渣量这 3 个方面来判定，这种方法主观性比较强，造成误差较大。另一种是借助仪器的帮助对肉的嫩度进行评定。20 世纪 30 年代由 Bratzler 等研制成功的沃—布剪切仪，采用物理剪切的办法，来测定肌肉的剪切值，这是最早评价肌肉嫩度的方法。后来我国的陈润生、雷得天等研制改进出 C - LM 肌肉嫩度仪，其原理是测量肉的剪切力，即测定用一定钝度的刀切断一定直径的圆柱肉块时所需的最大剪切力，以牛顿（N）为单位，剪切力值越大肉越老，反之，肉越嫩。一般来说如剪切力值大于 39.2 N 的肉就比较老。

嫩度剪切力值测定：将肉样在室温下完全解冻，后剔除结缔组织和筋膜，顺着肌纤维方向取 3 块（3 cm×3 cm×3 cm），置于 80 ℃ 的恒温水浴锅中，水浴加热至肉的中心温度达到 75 ℃，取出冷却至室温，用圆形取样器顺肌纤维方向钻切肉样块，重复 3 次，在 C - LM3B 型数显式肌肉嫩度仪上测其剪切力，取平均值为该肉样的剪切力值。

（6）肌纤维直径　肌纤维是肌肉的基本构造单位，其直径为 $10\sim100~\mu m$，长度为 $1\sim40~mm$，最长可达 $100~mm$。肌肉的嫩度与肌纤维的密度和直径显著相关，且肌纤维越细、肌纤维密度越大，肌肉越嫩。肌纤维受品种、性别、营养状况、年龄、运动量等影响。随着牛月龄的增加，肌纤维直径增大。性别对肌纤维直径有影响，肌纤维直径大小顺序为：雄性家畜＞阉畜＞雌性家畜。年龄对肌纤维的影响表现为年龄越大，肌纤维越粗。肌肉组织学特性同时也影响着肌肉的系水力、大理石花纹以及嫩度等肉质性状。牛肉的肌纤维直径对嫩度有较高的影响，其与肉的嫩度呈正相关，肌纤维直径越小，嫩度越好。

测定方法：取股二头肌和第 12 肋至第 13 肋间的背最长肌肉样，顺着肌纤维方向切取 $0.2~cm\times0.2~cm\times0.5~cm$ 样品一块；投入 20％硝酸中浸泡24 h后取出，在每一块样品上各取 $1~mm\times1~mm\times1~mm$ 的小块，置于载玻片上，滴加 2 滴蛋白甘油，用解剖针将肌纤维尽量分离，使其分布均匀，加盖玻片后用带标尺的光学显微镜在 40 倍下观看，读取肌纤维直径 50 个，取其平均值。

$$肌纤维直径＝平均值\times显微镜系数$$

（7）牛肉营养成分　牛肉主要包括肌肉中的水分、蛋白质、脂肪、灰分、无机盐等常规营养成分和胆固醇、肌苷酸、脂肪酸等微量营养成分，这些营养成分决定了肌肉的食用价值。水分能影响肉的贮藏性、肉色、风味和组织状态，致使脂肪氧化而降低肉的营养价值。蛋白质不仅是人和动物机体的基本组成物质，也是肉中的主要营养物质，肉中所含蛋白质的高低是评价食物营养价值的参考指标之一。脂肪是肌肉中仅次于蛋白质的另一重要成分，是动物机体的重要组成物质，肌内脂肪含量影响肉的多汁性和嫩度，决定了肉的风味，是评价肉品质的重要指标之一。肌肉脂肪含量越低，肌肉的嫩度、多汁性、香味及总体可接受性越低。

肌苷酸是一种芳香族化合物，多存在于动物的肌肉中，是衡量肉质鲜味的一个重要指标。肌苷酸含量越高，风味越好。肌苷酸受动物的品种、个体差异、组织部位、屠宰方式及屠宰后处理等因素的影响。肌苷酸含量最丰富的是鱼肉，其次是鸡肉。肌苷酸的含量也因畜禽的年龄和性别不同而有所改变。研究表明，随着年龄的增长肌苷酸含量逐渐增加。肌苷酸在不同部位含量也不相同，多存在于腿肌和胸肌中，且胸肌中肌苷酸含量高于腿肌。

胆固醇是一种环戊烷多氢菲的衍生物，广泛存在于动物体内，它与心血管疾病有着直接的关联，并且是导致和促进动脉粥样硬化的主要化学物质。胆固醇受动物品种、年龄、肌肉解剖学部位等因素影响。家禽和鱼类等肉品胆固醇含量高于家畜肉品中的含量，反刍家畜因为瘤胃微生物可以使不饱和脂肪酸转化成饱和脂肪酸，而饱和性脂肪酸被证明具有提高胆固醇含量的作用。随着日龄的增加水牛胆固醇含量降低。

脂肪酸在肉中发挥风味的作用，部分脂肪酸还具有降低低密度胆固醇的作用，对人们的健康具有重要作用。肉品中脂肪酸的营养价值一般用多不饱和脂肪酸和饱和脂肪酸的比例（P/S）来衡量，世界卫生组织推荐该值最好高于0.4，而肉类的自然比例多在0.1左右。牛肉中发挥风味作用的脂肪酸主要是以油酸为首的不饱和脂肪酸，融合风味和口感的满足感，取决于总不饱和脂肪酸与饱和脂肪酸的比例（UFA/SFA）及单不饱和脂肪酸占总游离脂肪酸（MUFA/TFA）的百分比。

（二）屠宰性能

屠宰性能是反映肉用性能的指标之一。品种和类型是决定生长速度和育肥效果的重要因素，二者对牛的产肉性能起着主要作用；年龄对其增长速度、肉品质和饲料报酬有很大影响；饲养水平是提高牛产肉能力和改善肉质的重要因素；环境因素主要包括温度、湿度、饲养密度及卫生条件等，这些因素若不重视也会严重影响肉牛生产性能的正常发挥，尤其是对犊牛影响更为显著。适宜的温度有利于生长发育，温度过低会影响牛对饲料的消化率，增加能量消耗，从而降低生产速度。在现代养殖模式下，水牛的平均屠宰率可达到55.40%～59.00%，养殖成本低于其他牛。

不同月龄槟榔江水牛公牛的空体重占宰前活重的比例在82.94%～89.04%，平均值为85.52%；空体重占活体重的比例在78.22%～83.99%，平均值为81.58%；宰前活重占活体重的比例在91.92%～97.29%，平均值为95.25%（表2-8）。

不同月龄槟榔江水牛公牛的屠宰率在41.95%～58.06%，平均屠宰率为50.74%；净肉率在34.58%～39.76%，平均净肉率为36.88%；胴体产肉率在62.13%～77.80%，平均胴体产肉率为71.35%；肉骨比在1.68～3.50，平均肉骨比为2.66（表2-9）。

表2-8　不同月龄槟榔江水牛公牛空体重、活体重和宰前活重的比例分析

月龄	活体重 (kg)	宰前活重 (kg)	空体重 (kg)	空体重/ 宰前活重 (%)	空体重/ 活体重 (%)	宰前活重/ 活体重 (%)
0.2	29.55	28.75	24.82	86.33	83.99	97.29
1.2	66.70	64.03	54.58	85.24	81.83	96.00
1.9	79.16	76.01	64.72	85.15	81.76	96.03
5.3	78.53	75.39	65.76	87.23	83.74	96.00
6.0	149.75	137.65	117.14	85.10	78.22	91.92
9.0	171.31	164.46	138.17	84.02	80.65	96.00
12.3	184.49	173.08	145.53	84.08	78.88	93.82
14.3	219.03	210.27	174.4	82.94	79.63	96.00
18.0	249.00	239.04	202.19	84.58	81.20	96.00
24.2	319.98	307.18	256.89	83.63	80.28	96.00
36.6	463.50	426.19	379.47	89.04	81.87	91.95
138.0	624.00	599.04	513.00	85.64	82.21	96.00
				85.52±1.76	81.58±1.89	95.25±1.72

表2-9　不同月龄槟榔江水牛公牛屠宰性能分析

月龄	胴体重 (kg)	净肉重 (kg)	骨重 (kg)	屠宰率 (%)	净肉率 (%)	胴体产肉率 (%)	肉骨比
0.2	12.06	5.26	6.80	41.95	34.58	62.95	1.68
1.2	33.00	23.35	9.65	51.54	36.47	70.76	1.9
1.9	21.89	13.60	8.10	58.06	36.07	62.13	2.42
5.3	30.97	20.19	10.60	53.15	34.65	65.19	2.5
6.0	71.35	51.65	19.70	51.84	37.53	72.39	2.62
9.0	79.80	59.00	20.80	48.52	35.88	73.93	2.84
12.3	90.35	66.15	24.20	52.2	38.22	73.22	2.73
14.3	101.90	76.15	25.75	48.46	36.22	74.73	2.96
18.0	120.03	88.03	32.00	50.21	36.83	73.34	2.75
24.2	153.05	113.30	39.75	49.82	36.88	74.03	2.85
36.6	223.60	169.45	54.15	52.46	39.76	75.78	3.13
138.0	303.81	236.36	67.45	50.72	39.46	77.80	3.50
				50.74± 3.33	36.88± 4.95	71.35± 8.06	2.66± 0.50

（三）肉质性状

1. 影响肉质性状的因素　传统上，消费者和养殖者认为水牛肉粗糙、味

膻，口感较差，屠宰性能低，这主要是因为被屠宰的水牛基本是淘汰的母牛或十几岁的未经育肥的公牛，所以造成了消费者对水牛的肉品质和屠宰性能的认知误差。研究认为，水牛在适龄屠宰时其肉较黄牛肉嫩、滋味鲜，富含高蛋白和必需氨基酸，具有低肌内脂肪、低饱和脂肪酸、低胆固醇和甘油三酯的特性，且含有与人体健康密切相关的 ω-6 和 ω-3 系列脂肪酸。

年龄是影响肉品质的一个重要因素。Borghese（1987）研究了 20 周龄、28 周龄和 36 周龄的地中海意大利公水牛的肉品质，认为 36 周龄后的地中海意大利公水牛的肉的感官品质、理化得分更高；Awan（2014）也研究了从巴基斯坦当地肉类市场随机采集的 1.5 岁、1.5～2 岁、2 岁以上水牛的背最长肌的理化和感官质量，认为 2 岁以上较好。因此，水牛可发展为人们的一种优质的肉类资源。

2. 物理性状　眼肌面积及背膘厚度随着日龄的增加而增大，背脂在 158 日龄之前，没有沉积，在 179 日龄以后，随着年龄的增长而增长；随着年龄和活重增加，大理石花纹越来越明显，要获得较好的大理石花纹，必须经历一定时间的饲养；背最长肌和股二头肌 pH 的平均值分别是 6.37 和 6.38，随着年龄的增长，pH 有增长趋势，但到 2 岁后不再增加；背最长肌和股二头肌的失水率逐渐减小，18 月龄以前，失水率较高，而后年龄越大、体重越大，失水率越小；肉色是肌肉外观评定的重要指标之一，对消费者的购买欲有重要影响，随着活重的增长，L* 亮度逐渐减小，a* 红色度逐渐增大，b* 黄色度减小，这表明随着活重的增长肉色逐渐呈紫红色；随着活重的增长，背最长肌和股二头肌的剪切力呈线性增加，即嫩度随着活重的增加而变小；肌纤维直径逐渐增大，且早期的增加速度更快些；且股二头肌的纤维直径大于背最长肌（表 2-10）。

3. 营养特性　随着活重的增长，水分在刚出生时最大，而后逐渐降低，粗脂肪逐渐增加，粗蛋白质先增加，在 173 kg（12 月龄）增长速度最快，缓慢增长到 245 kg（18 月龄），之后趋于稳定。而灰分、钙和磷没有规律性的变化；随着年龄的增长，槟榔江水牛肉肌苷酸含量逐渐增加，肌内脂肪含量也逐渐增加，牛肉的鲜味增加；随着年龄的增长、体重增加，肌肉中的胆固醇含量逐渐减少。胆固醇含量变化范围是每 100 g 体重 80～250 mg，平均值是每 100 g 体重 154 mg，最低值是每 100 g 体重 80.25 mg。相同阶段槟榔江公水牛的背最长肌的胆固醇含量略低于股二头肌，随月龄的增长，背最长肌与股二头肌的胆固醇含量逐渐降低，犊牛期肌肉中的胆固醇含量是后备期含量的 1.6 倍左右，是成年期含量的 2.3 倍左右（表 2-11）。

表 2 - 10　槟榔江水牛公牛肉物理性状指标比较

性状指标		日龄														
		5	36	57	66	153	158	179	270	373	436	547	735	928	1 114	4 196
背膘厚度（cm）		0.00	0.00	0.00	0.00	0.00	0.00	1.65	1.46	2.29	3.13	3.82	3.53	3.57	3.83	5.87
眼肌面积（cm²）		13.99	25.77	12.42	25.98	14.15	11.14	33.07	22.39	21.38	31.54	42.03	40.87	36.59	60.65	86.12
大理石花纹（分）		0.5	1.0	0.5	2.0	2.0	3.0	2.0	3.0	2.0	4.0	3.5	3.5	4.0	4.0	4.5
pH	LD	6.31	6.33	6.41	6.29	6.32	6.27	6.34	6.35	6.36	6.44	6.45	6.48	6.44	6.43	6.39
	BF	6.34	6.36	6.35	6.31	6.36	6.22	6.38	6.31	6.41	6.43	6.46	6.46	6.43	6.40	6.41
失水率（%）	LD	41.25	41.02	41.21	40.92	40.71	40.87	40.64	40.29	40.11	39.95	39.69	39.57	39.31	39.25	39.11
	BF	41.21	40.98	41.19	40.79	40.57	40.83	40.60	40.23	40.02	39.82	39.64	39.52	39.28	39.20	39.08
肉色	LD L*	45.44	48.99	45.27	39.58	47.15	40.40	34.76	31.37	37.55	36.41	31.70	31.85	33.90	27.46	28.16
	LD a*	19.87	16.91	19.99	18.29	20.47	19.64	20.85	21.01	21.17	20.65	21.75	24.81	21.76	21.84	24.86
	LD b*	3.56	3.42	3.36	3.05	3.21	3.13	2.94	2.71	2.64	2.51	2.36	2.46	2.11	2.05	2.00
	BF L*	49.13	44.86	44.45	42.36	44.77	42.44	32.48	38.99	39.10	35.97	35.77	33.10	35.16	29.59	29.82
	BF a*	17.56	15.19	18.80	18.35	18.04	20.83	20.25	20.74	22.78	20.42	23.66	21.94	22.27	20.81	23.61
	BF b*	2.58	1.29	1.70	2.47	1.05	1.80	2.36	0.62	0.75	0.68	0.47	1.67	2.03	1.68	3.66
剪切力（N）	LD	21.56	18.82	19.50	19.31	18.03	17.35	23.62	22.93	27.64	29.60	34.30	36.46	37.73	41.55	52.53
	BF	23.42	20.58	20.19	19.60	19.11	17.93	26.85	31.07	29.60	32.54	35.97	37.53	39.10	45.57	57.13
肌纤维直径（μm）	LD	12.36	16.23	8.75	14.56	12.69	12.42	21.44	20.64	26.12	26.92	28.72	29.41	31.13	31.33	32.20
	BF	16.37	17.7	15.56	18.64	15.97	17.43	25.25	29.53	28.06	28.86	29.06	31.28	34.54	33.6	41.75

注：LD，背最长肌；BF，股二头肌；L*，肌肉亮度；a*，肌肉红色度；b*，肌肉黄色度。

表 2 - 11 槟榔江水牛公牛肉营养成分

营养成分		5	36	57	66	153	158	179	270	373	436	547	735	928	1114	4196
										日龄						
水分 (%)	LD	77.5	76.8	79.0	75.0	79.1	77.3	77.1	76.3	77.7	77.4	76.7	76.5	76.2	75.1	75.2
	BF	77.4	77.9	78.9	74.7	78.2	77.0	78.0	75.6	75.9	76.5	75.4	75.9	75.6	74.7	75.7
粗脂肪 (%)	LD	0.8	0.9	0.9	0.9	0.9	0.9	0.9	1.1	1.2	1.2	1.2	1.2	1.3	1.3	1.5
	BF	0.9	0.7	0.7	0.9	0.9	0.9	0.9	1.0	1.1	1.0	1.0	1.2	1.1	1.1	1.1
粗蛋白质 (%)	LD	20.4	20.5	18.6	22.4	18.2	21.6	20.2	21.5	20.3	19.6	20.7	20.7	21.7	22.5	22.2
	BF	20.7	19.6	19.0	22.9	20.2	20.6	19.0	21.9	22.2	21.5	21.4	22.0	21.3	23.3	22.3
灰分 (%)	LD	1.1	1.2	1.0	1.1	1.0	1.0	1.1	1.2	1.0	1.1	1.1	1.0	1.0	1.2	1.0
	BF	1.1	1.1	1.0	1.1	1.0	1.1	1.1	1.2	1.1	1.1	1.1	1.0	1.1	1.1	1.1
钙 (%)	LD	0.01	0.01	0.01	0.02	0.01	0.01	0.01	0.01	0.01	0.01	0.01	0.01	0.02	0.01	0.01
	BF	0.01	0.01	0.01	0.01	0.01	0.01	0.01	0.01	0.01	0.01	0.01	0.01	0.01	0.01	0.01
磷 (%)	LD	0.10	0.10	0.10	0.12	0.10	0.05	0.09	0.10	0.12	0.08	0.10	0.11	0.10	0.09	0.09
	BF	0.09	0.17	0.08	0.11	0.10	0.10	0.10	0.12	0.12	0.08	0.06	0.13	0.10	0.10	0.05
肌苷酸 (mg, 以每100 g肉计)	LD	78.43	82.43	84.76	89.5	90.61	93.79	97.95	99.11	101.28	107.72	108.08	114.09	115.75	121.76	133.11
	BF	72.74	76.27	79.78	80.84	85.79	88.23	90.35	97.08	99.52	103.06	107.92	110.84	111.58	119.1	128.24
胆固醇 (mg, 以每100 g肉计)	LD	242.12	220.1	228.03	207.47	171.3	213.06	158.86	136.52	119.51	132.29	119.36	102.98	101.23	81.82	80.25
	BF	251.38	236.62	240.54	211.8	185.52	226.71	160.73	148.6	129.06	131.47	110.01	104.4	97.19	80.25	83.96

注: LD, 背最长肌; BF, 股二头肌。

相同阶段槟榔江水牛公牛背最长肌的多不饱和脂肪酸与饱和脂肪酸比值（P/S）、不饱和脂肪酸与饱和脂肪酸比值（UFA/SFA）及不饱和脂肪酸与总游离脂肪酸比值（UFA/TFA）均略高于股二头肌；背最长肌与股二头肌的多不饱和脂肪酸与饱和脂肪酸比值随月龄的增长而逐渐降低，不饱和脂肪酸与饱和脂肪酸比值及不饱和脂肪酸与总游离脂肪酸比值则逐渐增加，但后备期与成年期差异均不显著（表 2-12）。

表 2-12　槟榔江水牛公牛每 100 g 肉中的游离脂肪酸含量比较

单位：mg

游离脂肪酸	犊牛期（0～6 月龄，$n=6$）		后备期（6～24 月龄，$n=3$）		成年期（24～139 月龄，$n=3$）	
	背最长肌（LD）	股二头肌（BF）	背最长肌（LD）	股二头肌（BF）	背最长肌（LD）	股二头肌（BF）
癸酸	14.13 ± 0.83^a	14.16 ± 0.77^a	8.55 ± 0.98^b	9.02 ± 0.91^b	3.46 ± 1.27^c	3.79 ± 1.17^c
十三烷酸	5.74 ± 0.34^c	5.82 ± 0.33^c	7.94 ± 0.41^b	8.65 ± 0.39^b	10.85 ± 0.52^a	11.59 ± 0.50^a
肉豆蔻酸	15.31 ± 0.53^a	15.67 ± 0.46^a	14.36 ± 0.63^a	14.35 ± 0.55^a	13.80 ± 0.81^a	12.08 ± 0.71^a
棕榈酸	10.97 ± 0.53^a	11.22 ± 0.34^a	8.49 ± 0.62^b	$10.39\pm0.40^{b*}$	6.57 ± 0.81^b	$9.09\pm0.52^{b*}$
十七烷酸	15.26 ± 1.22^c	15.10 ± 1.17^c	25.29 ± 1.44^b	24.93 ± 1.38^b	34.13 ± 1.86^a	34.10 ± 1.78^a
硬脂酸	20.09 ± 0.58^b	20.10 ± 0.58^b	23.44 ± 0.69^a	23.53 ± 0.69^a	20.87 ± 0.89^b	20.89 ± 0.89^b
油酸	54.63 ± 1.91^c	54.73 ± 1.85^c	76.81 ± 2.26^b	76.55 ± 2.19^b	86.70 ± 2.92^a	85.74 ± 2.83^a
亚油酸	11.99 ± 0.71^a	12.10 ± 0.65^a	7.26 ± 0.84^b	7.40 ± 0.77^b	6.80 ± 1.09^b	7.46 ± 1.00^b
亚麻酸	19.19 ± 0.65^a	20.33 ± 0.87^a	15.65 ± 0.77^b	15.93 ± 1.03^b	15.41 ± 1.00^b	15.90 ± 1.34^b
花生酸	12.19 ± 0.74^a	13.78 ± 0.86^a	8.01 ± 0.87^b	8.62 ± 1.02^b	5.69 ± 1.13^b	6.01 ± 1.31^b
花生四烯酸	42.06 ± 1.34^a	41.42 ± 1.40^a	37.49 ± 1.58^b	37.40 ± 1.66^b	33.01 ± 2.04^b	30.32 ± 2.15^b
UFA	127.87 ± 2.55^b	128.59 ± 2.43^b	137.52 ± 3.01^a	136.98 ± 2.88^a	141.92 ± 3.89^a	141.47 ± 3.20^a
SFA	93.70 ± 1.95^a	96.02 ± 2.02^a	96.08 ± 2.31^a	99.49 ± 2.39^a	95.34 ± 2.98^a	97.53 ± 3.08^a
P/S	0.78 ± 0.02^a	0.77 ± 0.03^a	0.63 ± 0.03^b	0.61 ± 0.03^b	0.58 ± 0.03^b	0.55 ± 0.04^b
UFA/SFA	1.36 ± 0.01^b	1.34 ± 0.02^b	1.43 ± 0.02^a	1.40 ± 0.02^a	1.49 ± 0.02^a	1.45 ± 0.02^a
UFA/TFA	0.58 ± 0.002^a	0.57 ± 0.003^a	0.59 ± 0.004^a	0.58 ± 0.004^a	0.60 ± 0.004^a	0.59 ± 0.005^a

注：UFA，不饱和脂肪酸；SFA，饱和脂肪酸；P/S，多不饱和脂肪酸比饱和脂肪酸；UFA/SFA，不饱和脂肪酸比饱和脂肪酸；UFA/TFA，不饱和脂肪酸比总游离脂肪酸。同行数据上角标英文字母（a，b，c）不同者差异显著（$P<0.05$），标有相同字母者差异不显著（$P>0.05$）。

犊牛期到后备期，具有降低胆固醇水平的不饱和脂肪酸含量明显增加，后备期到成年期略有增长。且后备期背最长肌和股二头肌的不饱和脂肪酸与饱和脂肪酸比值、多不饱和脂肪酸与饱和脂肪酸比值及不饱和脂肪酸与总游离脂肪酸比值和成年期差异都不显著。背最长肌与股二头肌的多不饱和脂肪酸与饱和脂肪酸比值随月龄的增长而逐渐降低,不饱和脂肪酸与饱和脂肪酸比值及不饱和脂肪酸与总游离脂肪酸比值则逐渐增加。

随着月龄增长,对胆固醇有降低作用的油酸及不饱和脂肪酸总量升高,而对其起主要升高作用的饱和脂肪酸总量变化不明显,棕榈酸和肉豆蔻酸含量随月龄增长而降低(表 2-12)。

槟榔江水牛公牛的背最长肌和股二头肌的多不饱和脂肪酸与饱和脂肪酸的比值随月龄变化范围分别为 0.58～0.78 和 0.55～0.77,明显高于 0.4(表 2-12)。

犊牛期槟榔江水牛公牛肉中游离脂肪酸含量比较见表 2-13。

表 2-13 犊牛期槟榔江水牛公牛每 100 g 肉中的游离脂肪酸含量比较

单位:mg

游离脂肪酸	哺乳期(0～3 月龄,$n=3$)		断奶期(3～6 月龄,$n=3$)	
	背最长肌(LD)	股二头肌(BF)	背最长肌(LD)	股二头肌(BF)
癸酸	15.86±0.78[a]	15.84±0.92[a]	11.82±0.90[b]	11.92±1.07[b]
十三烷酸	5.49±0.36[a]	5.53±0.27[a]	6.08±0.41[a]	6.21±0.31[a]
肉豆蔻酸	15.82±0.78[a]	15.91±0.52[a]	14.64±0.90[a]	15.35±0.60[a]
棕榈酸	11.95±0.51[a]	11.24±0.63[a]	9.67±0.60[a]	11.20±0.73[a, *]
十七烷酸	13.34±1.39[b]	13.34±1.34[b]	17.28±1.53[a]	17.82±1.55[a]
硬脂酸	19.79±0.96[a]	19.78±0.97[a]	20.50±1.11[a]	20.51±1.12[a]
油酸	52.94±2.98[a]	52.50±2.23[a]	56.89±3.45[a]	57.71±2.58[a]
亚油酸	13.64±0.79[a]	13.48±0.81[a]	9.78±0.92[b]	10.26±0.94[b]
亚麻酸	20.51±0.86[a]	21.38±0.89[a]	17.42±1.00[a]	17.61±1.03[a]
花生酸	13.87±0.85[a]	15.93±0.81[a]	9.94±0.99[b]	10.91±0.94[b]
花生四烯酸	44.95±1.49[a]	44.23±1.43[a]	38.21±1.72[b]	37.67±1.65[b]
UFA	132.04±3.67[a]	132.59±3.41[a]	122.31±4.24[a]	123.25±3.94[a]
SFA	96.13±3.29[a]	97.60±3.40[a]	90.46±3.80[a]	93.92±3.92[a]
P/S	0.82±0.03[a]	0.82±0.03[a]	0.73±0.04[a]	0.70±0.03[a]
UFA/SFA	1.37±0.02[a]	1.36±0.03[a]	1.35±0.02[a]	1.32±0.24[a]
UFA/TFA	0.58±0.004[a]	0.58±0.004[a]	0.57±0.004[a]	0.57±0.004[a]

注:UFA,不饱和脂肪酸;SFA,饱和脂肪酸;P/S,多不饱和脂肪酸比饱和脂肪酸;UFA/SFA,不饱和脂肪酸比饱和脂肪酸;UFA/TFA,不饱和脂肪酸比总游离脂肪酸。同行数据上角标英文字母(a,b,c)不同者差异显著($P<0.05$),标有相同字母者差异不显著($P>0.05$)。

四、泌乳性能

(一) 泌乳性能测定技术规程

泌乳性能测定即对泌乳牛的泌乳性能及乳成分的测定。国际通常用英文 Dairy Herd Improvement 三个单词首字母 DHI 来代表乳牛的生产性能测定。

待测牛只应具备出生日期、父号、母号、外祖父号、外祖母号、分娩日期和胎次等牛群资料信息。测定对象为产后 5 d 至干奶期间的泌乳牛。测定时间间隔为 (30±5) d。测定内容包括日产乳量、乳脂肪、乳蛋白质、乳糖和体细胞数。

每头牛的采样量为 40 mL, 三次挤乳一般按 4 : 3 : 3 (早 : 中 : 晚) 比例取样; 两次挤乳一般按 5 : 5 (早 : 晚) 比例取样。每次采样应充分混匀后, 再将乳样倒入采样瓶, 并充分混匀, 确保采样瓶中的防腐剂完全溶解 (采样前应在样品瓶中加入 0.03 g 重铬酸钾作为防腐剂), 样品应在 2~7 ℃条件下冷藏, 3 d 之内送达乳品测定室, 进行 DHI 测定。

(二) 影响水牛乳用性能的因素

影响奶水牛产奶量的因素有很多, 包括合适的饲料、饲养管理、挤奶和乳房按摩、产犊季节和环境温度的变化、胎次等, 都会对其造成一定的影响。这些属于可控的外在因素, 当然, 遗传因素同样重要, 比如河流型水牛比沼泽型水牛的产奶量高, 但沼泽型水牛的乳脂率比河流型水牛更高, 只能通过杂交来改良, 选择高产优质后代。

胎次也会影响产奶量。相关统计显示, 奶水牛产奶高峰的胎次是在第 4 至第 5 胎, 由第 1 胎不断增加, 到 4~5 胎达到最高峰, 然后随着年龄的增加, 其产奶量不断下降, 了解第 1 胎的产奶量可以估计产奶高峰的数量以及终生产奶量。

(三) 产奶量及泌乳期

槟榔江水牛母牛乳房发育良好, 乳静脉明显, 乳房附着良好, 呈盆状。平均乳房围 86.0 cm, 乳房高度 9.8 cm, 乳房深度 21.9 cm, 前乳头长 7.1 cm, 后乳头长 8.4 cm。

每胎平均产奶量 (2 255.3±504.4) kg, 其中第 1 胎平均产奶量 (1 904.5±

546.6）kg；第2胎平均产奶量（2 514.6±435.8）kg；第3胎平均产奶量
（2 452.2±486）kg；第4胎以上平均产奶量（2 385.2±603）kg；单胎最高
产奶量3 643.6 kg，最低产奶量1 290 kg。产奶量越高相应的泌乳期越长。

　　槟榔江水牛平均泌乳天数为（269.6±38.1）d，其中第1胎（274.4±
32.7）d；第2胎（282.5±31.3）d；第3胎（277.4±30）d；第4胎以上
（240.3±46.2）d；最高泌乳天数为356 d，最低泌乳天数为140 d。泌乳期越
长，相应的产奶量一般都较高。槟榔江水牛产奶期和产奶量个体差异较大，需
进一步选育。槟榔江水牛标准泌乳曲线见图2-14。

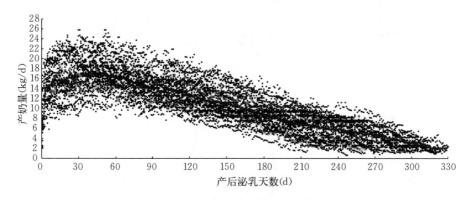

图2-14　槟榔江水牛标准泌乳曲线

（四）体型外貌、胎次与产奶性能的关系

　　牛的育种理论与实践证明，体型外貌的优劣与其产奶量、健康、寿命等方
面有非常密切的关系，体型性状可直接或间接地影响牛的生产性能。美国荷斯
坦牛协会的研究部门调查发现，除乳房附着和乳房深度外，其余线性体型性状
与产奶量之间都存在正相关。

　　国内外对普通奶牛及奶水牛体型性状与产奶性能的相关关系、通径分析方
面已经做了大量的研究工作，并取得了较大成效。奶牛体型外貌线性评分法是
目前进行奶牛选种的重要方法。1976年前后奶牛体型性状线性分析概念形成，
1980年美国制定了"奶牛体型线性评定方法"，1983年美国正式将此法应用于
荷斯坦牛体型评定中。此后，很快被许多欧洲国家间接或直接使用。

　　我国古代《相牛经》中对牛的精辟论述是"远看一张皮，近看四肢平，前
看胸膛宽，后看屁股齐"，近代有了对肉牛和奶牛理想型的描述，但从宏观上，

古代这种描述至今仍然适用。1986 年北京农业大学师守堃老师将美国"奶牛体型线性评定方法"引入国内，9 分制方法在全国得到推广（图 2-15、图 2-16）。目前，荷斯坦牛体型外貌评定方法已经成熟，许多国家都将体型外貌数据用于公牛育种值评估、优秀母牛选择，以及提高奶牛健康水平和延长利用年限，成为提高奶牛生产能力和生产潜力的重要手段。

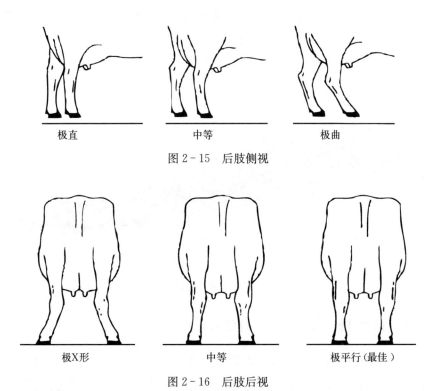

极直　　　　　　中等　　　　　　极曲

图 2-15　后肢侧视

极X形　　　　　　中等　　　　　　极平行（最佳）

图 2-16　后肢后视

根据专家介绍，意大利已经开展奶水牛体型外貌评价工作。Giovanni（2009）对意大利水牛的体型外貌描述分为四个部分，分别是体躯、肢蹄、尻部和乳房，在奶牛产奶量线性评分标准的基础上加入了角型、肢蹄力、乳房垂直长度等，其对乳头的描述主要以后乳头为主（彩图 5）。

试验得知，产奶量越高的个体，体重越大，体斜长、尻长越长，胸宽、胸围、腹围等也越大；乳房长度、高度、宽度，以及乳头长度、乳头间距均有显著增加。其中，对产奶量影响较大的体尺指标依次是：腹围＞前后乳头间距＞右前乳头长度＞蹄踵深度＞乳房深度。高峰日产奶量可用相应体尺进行预测：

高峰日产奶量＝0.289×前后乳头间距＋0.253×右前乳头长度＋0.382×
蹄踵深度＋0.050×腹围－0.050×乳房深度，$R=0.636$，
$R^2=0.405$（$P<0.05$）

（五）槟榔江水牛乳的酸度

原料奶酸度主要决定于自然酸度，是反映生鲜乳新鲜度的一个重要指标。生鲜牛乳总酸度由牛奶中含有的蛋白质、二氧化碳、磷酸盐和柠檬酸盐等形成的自然酸度，以及牛奶在存放储运过程中因微生物所致的发酵酸度共同构成。新鲜的一级荷斯坦牛牛奶的自然酸度为 16～18°T，其中 3～4°T 来源于蛋白质，2°T 来源于 CO_2，10～12°T 来源于磷酸盐和柠檬酸盐；二级生乳自然酸度为 19～20°T；酸度大于 21°T 即为不合格产品。随着机械挤奶、及时降温和冷链储运等技术的运用，发酵酸度对原料奶酸度的影响也越来越小，而牛奶经杀菌、闪蒸等工艺处理，会导致 CO_2 散失，产品酸度可能会下降 0.5～1°T。荷斯坦牛牛奶正常值为 12～18°T，在正常值内酸度越低，表明牛奶越新鲜，反之新鲜度越差。《食品安全地方标准　生水牛乳》（DBS 45/011—2014）规定的生乳酸度范围为 10～18°T。中国乳制品工业协会制定的行业规范《生水牛乳》（RHB 701—2012）规定的生水牛乳酸度范围为 13～19°T。

不同牛品种其乳的酸度不同，正常酸度与牛乳中的干物质含量成正相关关系。荷斯坦牛奶的干物质在 11.8%～12.5%，而水牛乳的干物质范围为 18.4%～21.75%；生乳中的粗蛋白质、乳脂率、乳糖及灰分、钙的含量对酸度也有影响，而水牛乳的这些指标与荷斯坦牛奶相比差异较大，酸度与日粮水平及饲养环境密切相关。低酸度可能是因为牛乳自然酸度偏低，也可能是人为掺碱所致。品种、气候、泌乳天数、日粮水平、贮存和运输条件是影响酸度的主要因素，乳成分对酸度也有影响。

槟榔江水牛生鲜水牛乳滴定酸度为 10～13°T 的占 85.7%，滴定酸度大于 14°T 的为 10.6%，酸度小于 10°T 的仅占 3.7%。

五、杂交改良

槟榔江水牛产奶量高，生长快，适应性强。与本地水牛杂交，改良效果明显（表 2-14）。

表 2 - 14　不同水牛品种初生至 12 月龄平均体重

品　　种	测定头数（头）	初生体重（kg）		6 月龄体重（kg）		12 月龄体重（kg）	
		♂	♀	♂	♀	♂	♀
槟榔江水牛	416	34.35	32.84	129.8	123.2	228.3	214.9
本地水牛	94	33.42	30.81	115.9	110.6	181.2	177.6
槟本杂水牛	188	37.15	34.61	149.5	145.7	257.4	250.8
杂交优势率（％）		9.63	8.75	21.69	24.64	25.71	27.79
改良效果增（％）		11.16	12.33	28.99	31.73	42.05	41.22

注：槟榔江水牛犊牛，采用人工定量喂奶 4 kg，2 周后调教补料，106 日龄断奶。本地水牛和槟本杂水牛，采用自然哺乳，自然断奶，哺乳期 6～10 个月。

第四节　槟榔江水牛品种标准

根据国家畜禽品种（配套系）审定标准中牛品种（配套系）审定标准（试行）的有关要求，特制订槟榔江水牛品种企业标准（试行）。

一、血统来源

1. 起源　槟榔江水牛主要生长繁衍于腾冲境内的槟榔江、陇川江、大盈江三大水系。经风土驯化，形成了适应当地气候环境条件的一个地方水牛类群。主要分布在腾冲市的界头、曲石、滇滩、古永、中和等乡镇，腾冲周边县也有少量分布。

2. 保种与选育　槟榔江水牛有核心群保种场一个，有明确的选育方案。经连续选育 4 个世代以上，核心群有 4 个世代以上的系谱记录。系谱主要记录种畜祖先的编号、名字、出生日期、生产性能、生长发育表现、种用价值和亲缘关系等方面的内容。

二、外貌鉴定评分标准

槟榔江水牛外貌鉴定评分标准见表 2 - 15、表 2 - 16。

表 2-15　槟榔江水牛外貌鉴定评分标准

项目	外貌特征标准	公牛 （分）	母牛 （分）
品种特征	槟榔江水牛被毛稀短，皮薄黝黑光亮，全身被毛黑色，未成年个体部分毛尖呈现棕褐色；公牛头粗重，颈厚；母牛头小、清秀；体质坚实，躯体深厚、体高而长；牛角为小圆形和螺旋形，角扁，尾长，尾帚多为白色	40	30
整体结构	体躯宽长，不过高，骨骼粗壮，全身结构匀称；公牛躯体前重后轻，背长适中，后躯尻部宽长；母牛清秀，前躯轻狭，后躯厚重，背腰平直，肋骨张开，斜尻；四肢姿势良好，无粗糙感	30	20
体躯容量	胸部深宽，肋骨开张良好，棱角不太明显，腹部粗大而不下垂，体型硕大	30	20
乳房系统	前后乳区和四乳头分布均匀，无附乳头，乳房悬韧带坚韧，柔软有弹性，前延后伸良好，乳房静脉粗且弯曲明显，被毛细致	0	30

表 2-16　槟榔江水牛外貌内部明细评分分值

项目	明细划分	公牛满分	母牛满分
品种特征	毛色、头型	8	7
	外貌、性别表现特征	9	9
	兼用结构特点	11	7
	肌肉发达程度	12	7
整体结构	体躯均衡度、体质	15	10
	骨骼和四肢	15	10
体躯容量	前胸	10	6
	腹	10	7
	尻	10	7
乳房系统	乳区和乳头	0	10
	容积和乳房悬韧带	0	10
	乳房静脉	0	10

三、生产性能

1. 乳用性能

（1）泌乳量　泌乳量评级标准见表 2-17 至表 2-19。

槟榔江水牛

表 2-17　核心种群场泌乳量评级标准（305 d 校正值）

单位：kg

等　级	母牛胎次		
	1 胎	2 胎	3 胎及 3 胎以上
特	2 900	3 200	3 450
一	2 400	2 700	2 950
二	1 900	2 200	2 450

表 2-18　育种扩繁群场泌乳量评级标准

单位：kg

等　级	母牛胎次		
	1 胎	2 胎	3 胎及 3 胎以上
特	2 650	2 850	3 000
一	2 200	2 400	2 500
二	1 750	1 900	2 000

表 2-19　一般繁殖群场泌乳量评级标准

单位：kg

等　级	母牛胎次		
	1 胎	2 胎	3 胎及 3 胎以上
特	1 900	2 100	2 400
一	1 700	1 900	2 100
二	1 400	1 600	1 800

（2）乳脂率　平均乳脂率 7.2%，最低为 6.73%，各胎次的产奶量每增加 1 000 kg，允许乳脂率降低 0.1%。

（3）乳蛋白率　平均乳蛋白率 5%，最低不能低于 4.5%。

2. 生长性能　评级标准见表 2-20。

表 2-20　槟榔江水牛各月龄公牛和母牛体重等级标准

单位：kg

年　龄	公			母		
	特级	一级	二级	特级	一级	二级
初生	43	38.8	34.6	42	36.8	32.4
3 月龄	106.3	96.5	86.7	99.5	89.2	78.9

（续）

年　龄	公			母		
	特级	一级	二级	特级	一级	二级
6 月龄	173.5	157.4	141.3	147	131	114.9
12 月龄	223	205	187	207	193.5	180
18 月龄	268	241	214	244	224	204
24 月龄	341	308	275	287	265	243
成年	645	565	585	525	475	425

3. 肉用性能

（1）屠宰率　公牛≥54%，母牛≥50%。

（2）净肉率　公牛≥40%，母牛≥38%。

（3）肉质　肌间脂肪含量分为 5 个等级，即很多、较多、中等、较少、几乎没有。

大理石花纹分为 8 个等级，即适度丰厚、稍丰厚、适度、中等、少量、轻度、微量、实无。

肉色：鲜红而有光泽。

脂肪颜色：白色、有光泽、质地较硬。

pH：5.5～6.5。

嫩度（剪切力）：31.36～34.30 N。

四、遗传性

河流型水牛，染色体 $2n=50$，遗传稳定，群体没有严重的分化。

五、种群规模

基础母牛 3 000 头，核心群 1 000 头。

六、等级评定

1. 外貌评分等级　公牛和母牛的外貌等级标准见表 2 - 16。

2. 谱系育种值　种畜场的每头牛都要进行谱系登记，对达到核心群标准的牛，必须计算谱系育种值。谱系育种值是公牛作为后裔鉴定前，母牛尚无本身产奶记录时的性能预测指标，不作为等级划分的依据。谱系育种值是以上情况下牛只出场的必需指标。

3. 综合评定 本品种的综合鉴定方法是对体重和外貌限定一个最低标准之后，以产奶性能为主进行综合评定。

（1）母牛等级的综合评定 母牛的综合评定等级见表2-21。

表 2-21 槟榔江水牛母牛的综合评定等级

产奶性能	体　重	外　貌	综合评定
特级	一级或特级	一级或特级	特级①
一级	一级或特级	二级以上	一级②
二级	二级以上	二级以上	二级③
二级或以下	二级或等外	二级或等外	等外④

注：①产奶性能达到特级的牛，如果其体重只有一级，外貌评分不低于一级，综合评分可为特级，外貌评分低于一级，综合评分为一级；②体重等级不低于一级，外貌不低于二级的牛，综合评定等级随产奶性能等级；③产奶性能为二级且体重和外貌不低于二级的牛，综合评定等级为二级；④产奶性能只有二级的，凡体重和外貌低于二级的牛，综合评定等级为等外。

（2）种公牛的综合评定 种公牛的综合评定以后裔测定的结果为准，公牛育种值按槟榔江水牛育种委员会公布的以 BLUP 育种值为基础组成的总性能指数（TPI）排序为依据，在此值公布前以槟榔江水牛育种委员会技术组认定的各场上报的种公牛后裔测定值为准。

第三章
槟榔江水牛的品种保护

第一节　保种概况

一、槟榔江水牛保种场概况

国家级槟榔江水牛遗传资源保种场于 2015 年 3 月授牌（图 3-1），位于云南省腾冲市中和镇大村，北纬 25°02′，东经 98°38′，占地 133 400 m²，海拔 1 580 m，属亚热带气候，适合水牛生长，是槟榔江水牛传统的养殖分布区域，周围 1 km 内无居民居住点，项目规划建设地点符合保种场的建设标准要求。

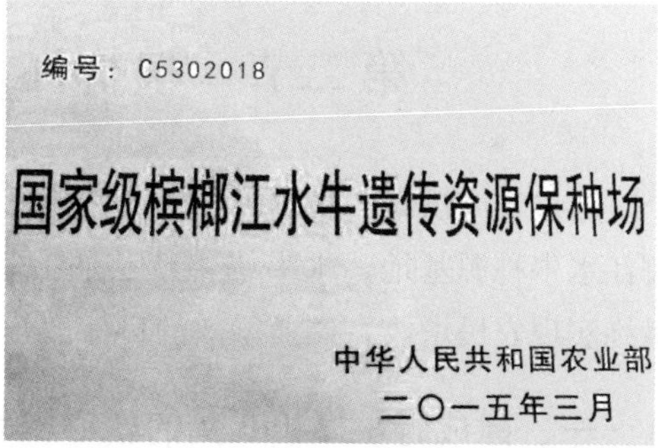

编号：C5302018

国家级槟榔江水牛遗传资源保种场

中华人民共和国农业部
二〇一五年三月

图 3-1　保种场于 2015 年 3 月授牌

保种场现存栏槟榔江水牛 720 头，每年向腾冲市内供种 160 头，对外配种 320 头次，为各扩繁场及养殖小区提供了优质的种源保证。

二、槟榔江水牛扩繁场概况

腾冲市委、市政府将槟榔江水牛园区确定为重点建设园区打造，在全市建成奶水牛存栏 5 头以上的规模养殖户 326 户，分布于 13 个乡镇；50 头以上的家庭农场 47 个，分布于沿江一带乡镇；200 头以上的养殖场（小区）7 个，分布于饲草资源丰富的 7 个乡镇；300 头以上的养殖场（小区）4 个，分布于交通便利的 4 个乡镇；500 头以上的养殖场（小区）5 个，分布于具有天

然草场放牧条件的 5 个乡镇。全市槟榔江水牛存栏数达 5 800 头，2005 年产奶 6 043 t，加工玉米秸秆青贮料 15 万 t，解决了 4 000 多个农村劳动力，实现产值 3 亿元。

三、槟榔江水牛保护区概况

根据槟榔江水牛产业发展规划，划定槟榔江水牛核心保护区为腾冲市中和镇、荷花镇、猴桥镇。

三个乡镇紧密相连，位于腾冲市西南部，西南方向与德宏州接壤，西北面紧邻缅甸，属亚热带气候；平均海拔自荷花—中和—猴桥，由 1 350 m 到 1 965 m 到 2 139 m，呈阶梯式上升；年平均气温 17.8 ℃，平均降水量 1 540 mm，高山地带多雨、潮湿、寒冷，干湿分明，夏季多雨；荷花镇为腾冲市粮食供应大镇，饲草资源丰富，为槟榔江水牛的保护提供了物质保障。

保护区内现存栏槟榔江水牛 2 320 头，其中中和镇存栏 1 280 头，繁殖方式以本交为主。

第二节　槟榔江水牛保种目标

通过实施槟榔江水牛品种资源保护，逐渐完善产业链，把腾冲建成全国槟榔江水牛种源基地、水牛奶生产及加工基地，建成"全国河流型水牛之乡"，最终实现农民增收，产业增效的目标。

一、建成存栏 3 000 头的核心群场和存栏 7 000 头的扩繁群场

强化技术力量，进一步开展对槟榔江水牛种质特性的基础研究，积极响应我国奶业发展规划，应用院士工作站及其他科研队伍，切入现代生物技术，将槟榔江水牛培育成品种特征一致，高产奶性能的奶水牛品种。

二、解决中国 800 万头水牛改良的种源瓶颈

在通过国家遗传资源审定后，制定相应的扶持政策，由云南省冻精站、大理白族自治州家畜繁育指导站与腾冲联合建立槟榔江水牛种公牛站，向全国供应槟榔江水牛冻精，加速改良步伐。走本交与冻改相结合之路，提高受胎率和奶水牛养殖效益，真正体现我国唯一河流型水牛品种的优势。

三、各阶段目标

1. 近期目标（2016—2020） 划定保护区，建设完善保种场，扩建槟榔江水牛养殖园区，对槟榔江水牛形成的文化遗产进行收集、保护、传承。到2020年年底，槟榔江水牛存栏达5 000头，产值达15亿元。

2. 中期目标（2021—2025） 加大槟榔江水牛的选育，建成槟榔江水牛庄园。到2025年，槟榔江水牛存栏达7 000头，年可供种300头，产值达20亿元。

3. 远景目标（2026—2030） 完善加工企业，槟榔江水牛实现对外供种。到2030年，槟榔江水牛存栏达10 000头，年可供种500头，槟榔江水牛庄园、乳品加工企业、牛肉加工企业、有机肥加工企业全面建成。

第三节　槟榔江水牛保种技术措施

为更好地保护和利用槟榔江水牛遗传资源，使我国唯一河流型水牛遗传资源不漂变、不丢失，又可实行较大规模的开发利用，增加云南省乃至全国奶水牛的良种供应，促进云南省及我国南方奶水牛业的发展。用科学的方法对槟榔江水牛进行选育与扩繁，保持槟榔江水牛遗传特性，提高生产性能，扩大种群数量，外貌一致，使群体达到品种（系）要求，成为我国唯一乳用型水牛品种，对我国奶水牛产业提供种源支持，保护好槟榔江水牛遗传资源，具有巨大的研究价值和经济价值。

一、保种方案

把槟榔江水牛三代内没有血缘关系的种公牛建立8个家系，每个家系等量选择2个后备公牛，每个家系的O1代母牛与下一序号家系的公牛交配，例如Ⅰ家系的母牛与Ⅱ家系的公牛交配，Ⅱ家系的母牛与Ⅲ家系的公牛交配。每个家系的O2代母牛与隔一序号家系的公牛交配，例如Ⅰ家系的母牛与Ⅲ家系的公牛交配，Ⅱ家系的母牛与Ⅳ家系的公牛交配。每个家系的O3代母牛与隔二序号家系的公牛交配，例如Ⅰ家系的母牛与Ⅳ家系的公牛交配，Ⅱ家系的母牛与Ⅴ家系的公牛交配。也就是Ⅰ家系的O1代母牛与Ⅱ家系的公牛交配，Ⅰ家系的O2代母牛与Ⅲ家系的公牛交配，Ⅰ家系的O3代母牛与Ⅳ家系的公牛交配，Ⅰ家系的O4代母牛与Ⅴ家系的公牛交配，7个世代一个轮回，可有效避免近交。

二、建档管理

对现有核心群公母牛采用"一牛一档"登记制度，每头牛出生即佩戴终生耳牌，建立单独档案，并将每份牛只档案汇入槟榔江水牛系谱登记系统，形成完善的槟榔江水牛系谱档案。

1. 出生记录　主要记录初生犊牛耳号、出生日期、初生重、性别、父亲耳号、母亲耳号、是否难产等（表3-1）。

表3-1　槟榔江水牛出生记录

初生犊牛耳号	性别	初生重	出生日期	父亲耳号	母亲耳号	是否难产	备注	记录人

2. 母牛产犊记录　主要记录母牛耳号、产犊时间、犊牛耳号、是否难产、上次产犊时间、产犊间隔、产后发情时间及配种时间等（表3-2）。

表3-2　槟榔江水牛母牛产犊记录

母牛耳号	产犊时间	犊牛耳号	是否难产	上次产犊时间	产犊间隔	产后发情时间	配种时间	备注

3. 种公牛后代记录　主要记录种公牛耳号、后代犊牛耳号和产犊时间等（表 3-3）。

表 3-3　槟榔江水牛种公牛后代记录

种公牛耳号	后代犊牛耳号	产犊时间	备注	记录人

4. 母牛产奶记录　主要记录母牛耳号、产犊时间、开始挤奶时间、产奶量（每天记录）、干奶时间、产奶期、鲜奶品质（结合 DHI 测定）等（表 3-4）。

表 3-4　槟榔江水牛母牛产奶记录

母牛耳号	产犊时间	开始挤奶时间	产奶量	干奶时间	产奶期	鲜奶品质	备注	记录人

5. 喂料记录　主要记录圈舍号、每圈牛舍总投料量、所喂饲料种类及质量等级、24 h 料量、平均采食量等（表 3-5）。

表 3-5　槟榔江水牛喂料记录

圈舍号	总投料量	饲料种类	质量等级	24 h 料量	平均采食量	备注	记录人

6. 防疫记录　主要记录疫苗种类、批号、接种时间、牛耳号、有无疫苗反应等（表3-6）。

表3-6　槟榔江水牛防疫记录

疫苗种类	批号	接种时间	牛耳号	有无疫苗反应	备注	记录人

7. 诊疗记录　主要记录发病牛耳号、临床症状、用药处方、治疗效果等（表3-7）。

表3-7　槟榔江水牛诊疗记录

发病牛耳号	临床症状	用药处方	治疗效果	备注	记录人

8. 系谱档案　1头牛一个档案，主要记录该头牛出生、生长、发育及生产性能、系谱、疫病、淘汰等。

三、良种登记

凡符合下列条件的个体均可列入良种登记：①凡纯种或级进改良三代以上的杂种母牛，综合评定等级为特级者；②凡体重及其母亲产奶性能为特级、外貌为一级以上的公牛，繁殖、生理无明显缺陷者；③凡杂种二代母牛，产奶性能超过特级牛泌乳水平，体重和外貌达到相应标准的，也可破格列入良种登记；④凡群体产奶量平均每头泌乳超过2 650 kg，或在良种登记簿上入册母牛数超过50％的优秀种畜场。

槟榔江水牛体尺标准和外貌等级下限标准分别见表3-8和表3-9。

表3-8 槟榔江水牛体尺标准

单位：cm

年龄	等级	公牛				母牛			
		体高	体斜长	胸围	管围	体高	体斜长	胸围	管围
成年	特	145	153	208	22.8	142	151	200	21.7
	一	140	147	201	22.1	137	145	195	20.0
	二	135	141	194	21.3	132	139	188	20.3
	三	130	135	187	20.5	127	133	181	19.5
24月龄	特	132	136	185	19.2	130	134	178	18.3
	一	127	130	178	18.5	125	128	171	17.5
	二	122	124	171	17.7	120	122	164	16.7
	三	117	118	164	17.0	115	116	157	16.0
18月龄	特	121	123	172	18.0	119	121	162	17.0
	一	115	119	166	17.2	114	117	158	16.3
	二	110	115	160	16.5	109	113	154	15.6
	三	105	111	154	15.8	104	109	150	15.0
12月龄	特	113	117	157	17.3	111	116	154	16.3
	一	109	112	149	16.6	107	111	147	15.5
	二	105	107	141	15.8	103	106	140	14.8
	三	101	101	133	15.0	99	101	133	14.0
6月龄	特	106	106	141	16.5	101	103	136	15.5
	一	101	102	134	15.9	97	99	129	14.9
	二	97	98	127	15.2	93	95	122	14.3
	三	93	94	120	14.5	90	91	115	13.5

表3-9 槟榔江水牛公牛和母牛的外貌等级标准（下限）

等级	公牛（分）	母牛（分）
特	85	80
一	80	75
二	75	70

第四节 种质特性研究

一、槟榔江水牛染色体核型

染色体是动物遗传物质的载体，每个物种都有其特定的染色体数目和结构。利用显微摄影方法将生物体细胞内整套染色体拍摄下来，按照它们相对恒定的特征排列起来，进行核型分析，是开展物种鉴定及进化分析的重要手段。

家养水牛分为沼泽型与河流型两种类型，沼泽型水牛染色体核型 $2n=48$，而河流型水牛染色体核型 $2n=50$。屈在久等（2008）对 28 头槟榔江水牛核型分析的结果显示，有 27 头染色体数 $2n=50$，为河流型染色体类型；有 1 头 $2n=49$，为河流型与沼泽型杂合类型。染色体核型分析为槟榔江水牛归属于河流型水牛提供了有力证据，同时也提示在槟榔江水牛形成过程中受到少量沼泽型水牛血缘的影响。图 3-2 为水牛染色体核型分析。

槟榔江水牛(河流型)染色体核型
$2n=50(♂)$

德宏水牛(沼泽型)染色体核型
$2n=48(♀)$

图 3-2 水牛染色体核型分析

二、线粒体 DNA 与槟榔江水牛母系起源

线粒体 DNA（mt DNA）是高等动物核外遗传物质，具有母系遗传、进化速率快、拷贝数量多及没有重组等特征。水牛线粒体 DNA 长度为 16 359 bp，编码 22 个 tRNA 基因、2 个 rRNA 基因、13 个编码蛋白基因及 1 个控制区（D-loop）。控制区是线粒体 DNA 唯一非编码区，碱基突变比其他区域高 5～10 倍，线粒体控制区是分析家养动物起源分化和遗传多样性的理想标记。

苗永旺等（2008）对 86 头槟榔江水牛线粒体 DNA 控制区序列的研究结果显示，槟榔江水牛存在 112 个变异位点及 33 种单倍型分子类型，显示槟榔江水牛群体蕴含丰富的遗传多样性。槟榔江水牛单倍型分为两个母系世系，其中一个母系世系为河流型类型，占 61.63%；另一个母系世系为沼泽型类型，占 38.37%。聚类分析图提示，在血统来源上，河流型水牛世系是该槟榔江水牛的主体，但该群体也存在一定的沼泽型水牛基因渗入（图 3 - 3）。

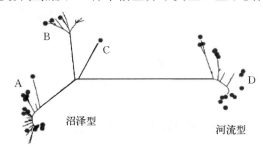

图 3 - 3　槟榔江水牛线粒体 DNA 单倍型
分子聚类分析
圆点表示槟榔江水牛单倍型

三、微卫星标记与群体遗传结构

微卫星 DNA（microsatellite DNA）又称简单重复序列（SSR），广泛存在于动物基因组中，核心序列为 2～6 bp，呈高度重复。微卫星 DNA 分布广泛，多态信息含量丰富，呈共显性遗传，稳定性好，可比性强，是进行家养动物群体遗传结构和遗传多样性分析的理想分子标记。到目前为止，在水牛上已发现的微卫星标记超过 4 000 个，其中 1 560 个具有明确的染色体位置。

刘伟等（2011）采用 30 个常染色体微卫星 DNA 标记分析了 141 份槟榔江水牛样品，共检测到 253 个等位基因，其中 68 个等位基因为槟榔江水牛群体中所独有。槟榔江水牛与同属河流型水牛的摩拉水牛的遗传距离最近（0.114 4），与属于沼泽型水牛的滇东南水牛的遗传距离较远（0.555 3）。聚类分析也显示，槟榔江水牛与摩拉水牛同聚一支，进一步揭示槟榔江水牛是河流型水牛的一个类型（图 3 - 4）。群体遗传结构分析显示，槟榔江水牛遗传组分为河流型与沼泽型 2 种类型水牛混合的模式，整个群体中有相当数量的个体存在沼泽型水牛的遗传渗入，群体中沼泽型水牛遗传组分为 0.067 2。微卫星标记与线粒体 DNA 分析在揭示槟榔江水牛的河流型类型以及外源基因渗入方面的结果是一致的。

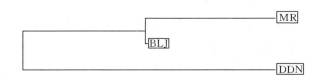

图 3-4　槟榔江水牛与河流型摩拉水牛及沼泽型滇东南水牛的聚类图

BLJ 为槟榔江水牛，MR 为摩拉水牛，DDN 为滇东南水牛

四、功能基因与生产性状

基因是染色体上编码蛋白质的一个功能 DNA 片段，动物的质量性状与数量性状均受不同的功能基因控制。毛色、角型等质量性状，主要受单个或少数几个基因控制。产奶量、繁殖性状、肉用性能、生长发育等数量性状，往往受多个功能基因或数量性状基因座位（QTL）的影响。

水牛经济性状功能基因的研究方法，首先是选择与特定性状相关的功能基因，或称候选基因。候选基因的选择可从基因编码蛋白质的功能、性状发育过程的基因调控以及模式动物的比较基因组等方面来确定。其次是设计引物并 PCR 扩增候选基因，序列分析揭示基因变异，进行基因型与经济性状的相关性分析。最后是对功能突变位点进行生物学功能验证，建立检测标记，纳入标记辅助育种程序。

（一）影响槟榔江水牛产奶性状候选基因

目前发现与水牛产奶性状有关的候选基因主要包括 *STAT1*、*STAT5A*、*GHRL*、*DGAT1*、*BTN*、*OXT*、*LEP* 和 *CSN1S1* 等。其中，在槟榔江水牛开展研究并确定与产奶性状相关的候选基因主要为 *STAT5A* 和 *DGAT1* 两个基因。

1. *STAT5A* 基因　*STAT5A* 参与哺乳动物乳腺组织中细胞因子的信号转导，对泌乳活动具有重要的调控作用。水牛 *STAT5A* 基因由 19 个外显子和 18 个内含子组成。季敏等（2012，2013）的研究结果表明，槟榔江水牛 *STAT5A* 基因存在高度多态性，共发现 38 个 SNP 位点，其中 *STAT5A*-exon8（g.824C＞T）位点 *CT* 基因型个体产奶量极显著高于 *TT* 基因型个体，*STAT5A*-exon8（g.975C＞T）位点 *CT* 基因型个体的乳脂率显著高于 *CC* 基因型个体，*Msp* Ⅰ酶切位点 *CG* 基因型个体产奶量和乳

脂率极显著高于 *CC* 基因型个体。槟榔江水牛 *STAT5A* 基因 *Msp* 1 PCR-RFLP 检测标记见图 3 - 5。

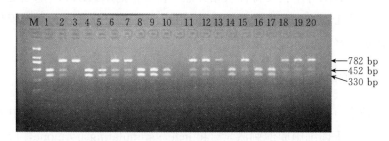

图 3 - 5　槟榔江水牛 *STAT5A* 基因 *Msp1* PCR - RFLP 检测标记

2. *DGAT1* 基因　　DGAT1 属于酰基辅酶 A 胆固醇酰基转移酶家族，由 485 个氨基酸残基组成，分子质量 50～60 ku。DGAT1 是催化甘油三酯合成的关键酶和限速酶，与脂肪代谢密切相关。水牛的 *DGAT1* 基因由 17 个外显子和 16 个内含子组成。孟丽等（2013）利用 PCR - SSCP 和 PCR 产物直接测序技术对河流型（槟榔江水牛、尼里-拉菲水牛和摩拉水牛）和沼泽型（德宏水牛、福安水牛、东流水牛、富钟水牛、滇东南水牛、盐津水牛、德昌水牛和贵州水牛）共 11 个水牛群体 *DGAT1* 基因的第 8 外显子的遗传特征进行了分析，结果显示，所有水牛群体 *DGAT1* 基因第 8 外显子都为 *K* 等位基因，且与其高乳脂量相关。

（二）影响槟榔江水牛生长发育性状候选基因

与水牛生长发育性状相关的候选基因主要包括 *GH*、*GHR*、*IGF* - 1、*ACTA1*、*LEP* 等。然而，在槟榔江水牛上研究的基因还很少，仅见 *ACTA1* 基因的报道。

肌动蛋白（action）是真核细胞中最丰富的蛋白质之一，在肌细胞中该蛋白占总蛋白的 10% 以上，在非肌细胞也占 1%～5%。α - 肌动蛋白 1（ACTA1）是肌动蛋白的一类异构形式，广泛参与了肌细胞组装、骨骼肌纤维发育以及细胞和细胞器的运动，并作为一种收缩蛋白在骨骼肌的活动中发挥重要作用。水牛 *ACTA1* 基因由 9 个外显子和 8 个内含子组成，编码 477 个氨基酸。

张斌等（2014）采用 PCR 扩增及基因测序技术研究了槟榔江水牛 *ACTA1*

基因多态性，检测到槟榔江水牛 *ACTA1* 基因存在 2 个 SNP 位点，分别位于第 5 内含子与第 6 外显子。在对 *ACTA1* 基因型与槟榔江水牛体重、体高、体斜长、胸围、管围等生长发育性状相关性分析后，揭示 *ACTA1* 基因变异与槟榔江水牛的体重、管围等性状存在显著相关，为槟榔江水牛遗传资源保护利用及标记辅助选择提供了理论依据。

（三）影响槟榔江水牛繁殖性状候选基因

卵泡抑素（follistatin，FST）是一种单链糖蛋白，因从滤泡液中纯化出来的，可抑制垂体细胞卵泡刺激素（follicle‐stimulating hormone，FSH）的分泌，在卵母细胞成熟过程中起重要作用。水牛 *FST* 基因由 6 个外显子和 5 个内含子组成，编码 344 个氨基酸。

李素霞等（2015）与俞大阔等（2016）分别研究了槟榔江水牛 *FST* 基因的遗传变异及与繁殖性能的关系。记录的繁殖性状包括母牛产犊年龄、产犊间隔、产犊数、产犊成活数、配种次数等。采用 PCR 扩增及 DNA 直接测序方法，在槟榔江水牛、德宏水牛的 *FST* 基因序列共检测到 7 个 SNP 位点，*FST* 基因与槟榔江水牛、德宏水牛产犊和产犊率性状相关性不显著，而当两个群体合并后，*FST* 基因有两个变异位点与产犊率呈极显著相关，可能是单个品种的样品数较少，*FST* 基因与水牛繁殖性状的关系还需进一步研究。

第四章
槟榔江水牛的繁育

第一节　槟榔江水牛的生殖生理

一、初情期

初情期是性成熟的初级阶段，指的是公牛初次释放有受精能力的精子，母牛初次排卵，并表现出完整性行为序列的时期。雄性槟榔江水牛初情期为18～24月龄，雌性槟榔江水牛初情期为20～30月龄，初情期表现的早晚主要是受营养水平影响，营养水平高则初情期提前，营养水平低初情期则推后。

二、性成熟

指公牛和母牛在经过初情期后生殖系统发育完善，开始具备繁殖能力，生殖机能成熟的时期。其标志是公牛阴茎能够勃起、射精，其精子能够受精。母牛周期性地发情及排卵。雄性槟榔江水牛性成熟一般在20～30月龄，雌性槟榔江水牛的性成熟一般在24～36月龄。性成熟时期虽然公牛和母牛的生殖器官都达到了比较成熟的阶段，具备了正常繁殖的能力，但此时没有达到体成熟阶段，不宜过早配种。过早配种妊娠将影响母牛的自身发育，也会影响胎儿的生长发育。

三、初配年龄

初配年龄根据不同的饲养状况及气候条件而异，一般在性成熟之后，根据个体的生长发育情况来定。当育成牛的体重达到 350 kg 以上或达到成年牛体重的 70% 左右，即可配种。饲养水平较好的养殖场，槟榔江水牛不论公母牛2 岁时即可进行初配。

四、发情配种

(一) 发情特征

槟榔江母水牛发情时，表现兴奋不安、鸣叫、食欲减少、爬跨；外阴充血肿胀，阴道黏膜潮红，湿润有光泽，子宫颈口开张，有黏液流出，黏液由少到多，由清亮到黏稠；卵巢表面有成熟的卵泡突出。当然也有少数的母水牛发情特征不明显，这时就需要用公牛试情、直肠检查、阴道检查等办法来确定该牛是否真正发情。

1. 发情初期　爬跨其他牛；外阴轻微肿胀，黏膜充血呈粉红色，阴门流出少量的、黏性差的稀清透明液体；狂躁不安，食欲减退。

2. 发情中期　追赶和爬跨其他牛，安静接受公牛和其他母牛的爬跨，头低耳竖，张腿耸尾，常作排尿姿势，哞叫次数增多；阴门流出量多的透明液体，黏性强，有时可见垂吊在阴门外；外阴部肿胀明显，黏膜潮红，尿频。

3. 发情后期　不爬跨其他牛和拒绝接受爬跨；流出的黏液由透明到半透明，最后呈乳白色，量由较少到少，黏性变差、易断；外阴肿胀消退，黏膜淡红色，到排卵前 3～5 h，有一部分牛黏膜变为暗紫色。整个发情期持续 13～18 h。母牛的年龄不同、膘情不同，发情期有差别，母牛的年龄大、膘情差，发情期则稍短。

(二) 发情季节

槟榔江水牛全年均可发情，但有旺季和淡季之分，一般主要集中在每年的 9—12 月发情较多，为发情旺季，可占全年发情的 65％以上。在发情旺季母牛发情表现明显，受胎率也较高；在发情淡季母牛发情表现不明显，受胎率也较低。槟榔江水牛的发情周期平均为 21.2 d（在 17～25 d 之内也算正常）。发情持续期为 24～72 h，年轻、体况好的母牛发情持续期较长，年龄大、体况差的母牛发情持续期较短。

(三) 适时配种

如果采用人工授精时，必须做到适时配种才能保证有较高的受精率。母牛排卵后，要尽快使卵子与活力高的精子相遇，这就要求确定排卵时间。从发情征兆（接受爬跨与否），外阴及阴道黏膜变化，黏液量和性状的变化，子宫颈开张的程度，直肠检查卵巢卵泡大小、弹性、波动等综合分析，才能确定最适输精时间。

（1）根据发情时间　发情开始后 12～18 h（或 6～24 h）配种。

（2）根据外部观察　接受其他牛的爬跨，由烦躁转为安静，征兆减弱；黏液量少，浑浊或透明浓稠时配种。

（3）根据母牛的年龄　母牛 3～5 岁时，推后 6 h 配种；母牛 10 岁以上，提前 6 h 配种。

（4）根据个体差异　对发情持续期较长的母牛，要推后 6～12 h 配种；对发情持续期较短的母牛，要提前 6～12 h 配种。一般在发情末期或发情刚结束时配种。

（5）适时配种原则　一般个体遵循"早发晚配""晚发早配"的原则。如果准确掌握配种适期，只需输精一次，也能获得较高的受胎率。配种适期不易掌握的母牛可采用一个情期输精两次，间隔时间为 6～8 h。

五、妊娠

（一）妊娠诊断

一般情况下，母水牛发情配种后 21 d 不再表现发情，可初步判断为该母牛已妊娠，母水牛发情配种后 19～22 d 再次发情，可判断为未妊娠，应再次输精配种。槟榔江水牛本交的公母比例为 1∶（10～16），情期受胎率为 82%，冻精人工授精受胎率为 45%。配种后 45～60 d 如不再返情就可以进行妊娠检查。妊娠诊断方法有外部观察法、阴道检查法、直肠检查法、实验室检查法、B超诊断法等。其中直肠检查法是最简便、准确且最有使用价值的方法。

1. 直肠检查的操作步骤　检查前，把指甲剪短、磨光并洗干净，用 0.1% 高锰酸钾溶液消毒手和手臂，涂上肥皂液以润滑，或者用兽用长臂手套也可以。将待检母牛赶入保定架中保定。检查时，左手将牛尾拉向一侧，右手五指合拢，握成锥形，缓慢伸入直肠内，先排除积粪，再进行触摸诊断，触摸诊断的顺序是：子宫颈—子宫体—子宫角间沟—子宫角—子宫中动脉及卵巢。

2. 判断未妊娠的依据　子宫颈、子宫体、子宫角在骨盆腔内，而不在腹腔内；触摸时，子宫角间沟明显可辨；两个子宫角的位置、形状、大小、粗细对称，质地相同；两个子宫角收缩反应明显，呈对称的两个绵羊角形。

3. 判断妊娠的依据　子宫颈、子宫体、子宫角、卵巢等向前移至骨盆腔入口处或腹腔内；孕侧卵巢表面有黄体存在；孕侧子宫角增大，两个子宫角位置、大小、形状及质地不对称；子宫角间沟随着妊娠时间的进展逐渐消失；子宫内可发现胎儿，子宫动脉出现特殊的妊娠脉搏。

（二）妊娠期

槟榔江水牛妊娠期平均 312 d，能繁母牛年产犊率为 64％，犊牛成活率为 93.8％。成年母牛繁殖率为 60％。

第二节　种牛的选择

一、槟榔江水牛的选育目标

（1）选育方向　以乳用为主，乳、肉兼用。
（2）选育年限　第一阶段，20 年，即 2010—2030 年。
（3）选育目标
① 群体数量　通过 20 年的选育扩繁，使核心群存栏达 2 000 头以上，扩繁群存栏达 5 000 头以上。
② 生产性能　外貌特征、乳房指数基本一致的三个品系，年产乳性能平均达 2.5 t 以上，其中核心群达 2.8 t 以上，扩繁群达 2 t 以上。产肉性能，成年牛体重平均达 500 kg 以上，屠宰率平均达 50％以上。

二、槟榔江水牛的选择

（一）一般选择

（1）品种　按槟榔江水牛的品种标准进行选择，选择品种特征明显，综合评分较高的个体作为种用。
（2）体貌特征　全身黑色，牛角高度弯曲，皮肤黑而发亮，毛黑无"秧芭线"；皮薄有弹性，性情温驯；体型高大，前窄后宽呈倒三角状，四肢强壮，胸深腹大；尾根粗，尾巴长；乳房发达，呈柱状，附着良好，乳房皮肤薄、有弹性，乳静脉粗而弯曲，乳头均匀，大小适中，无明显缺陷。

（3）年龄　年龄在2～8岁，生长发育较好的公母牛个体。

（4）胎次　胎次在第1～2胎，产奶量增加明显；第2～3胎，产奶量增加不明显；第4胎以后，随着胎次增加，产奶量明显下降；同一头牛产奶量最高在第2胎的占70％。

（二）保种场选种

（1）初选　犊牛出生后，根据其系谱（主要是父母）的生产性能、外貌特征，犊牛初生重、外貌特征等进行育种值估计。公牛选留80％的个体；凡符合品种特征，没有遗传缺陷、发育正常的母犊牛全部选留。

（2）再选　犊牛断奶后，根据犊牛的生长性能进行选择，淘汰生长缓慢、发育不良、有缺陷的个体。公牛选留50％的个体，母牛选留95％的个体。

（3）终选　公母牛进行配种后，公牛根据后代的生产性能特别是半同胞母牛的平均产奶量进行选择，最后根据后裔的表现，进行选择与淘汰，选出优秀公牛，淘汰80％的个体。母牛根据第一胎产奶量即时进行选择淘汰，选留80％的个体。

（4）不定时选择　根据种牛生产性能、利用年限和健康状况，及时进行淘汰。

第三节　种牛性能测定

一、产乳性能

（1）乳形指数　对53头泌乳期槟榔江水牛的乳形指数，在挤奶前进行测量，平均乳房围86.0 cm，平均乳房高度9.8 cm，平均乳房深度21.9 cm，平均前乳头长7.1 cm、后乳头长8.4 cm。

（2）产奶量　经测93头槟榔江水牛平均产奶期281.5 d，平均产奶量2 251.9 kg，平均干奶期128.8 d。其中，第1胎（26头）平均产奶期278.4 d，平均产奶量1 975.3 kg；第2胎（32头）平均产奶期288.9 d，平均产奶量2 404.5 kg；第3胎（19头）平均产奶期283.5 d，平均产奶量2 431.1 kg；第4胎以上（16头）平均产奶期268.2 d，平均产奶量2 185.2 kg。根据测定结果，腾冲槟榔江水牛产奶期和产奶量个体差异较大，需进一步选育。

（3）乳脂率　由于乳脂率与产奶量呈负相关，所以，此性状的选育需与产奶量密切联系。平均乳脂率 5%～8%。

（4）乳蛋白率　4%～5%。

（5）乳中固形物　达 18% 以上。

二、生长性能

（一）测定性状

1. 体重　初生重、断奶重（106 日龄）、6 月龄、性成熟（18 月龄）、24 月龄、成年体重（产第一胎后的泌乳母牛或 3.5 岁以上的公、母牛个体体重）。

2. 体尺　6 月龄、18 月龄、24 月龄、成年的体高、十字部高、体斜长、胸围、腹围、管围、腰角宽、坐骨宽、尻长。

（二）结果分析

1. 犊牛　槟榔江水牛核心群犊牛平均初生重为：公犊（34.35±4.58）kg、母犊（32.84±4.27）kg，公犊初生重平均比母犊高 4.6%。

槟榔江水牛核心群犊牛 3 个半月断奶，公犊平均断奶体重（91.16±9.67）kg、母犊平均断奶体重（88.97±9.86）kg，公犊比母犊重 2.19 kg，高 2.46%。初生到断奶平均日增重为：公犊 534 g、母犊 529 g，公犊比母犊多增 5 g。

2. 育成牛　槟榔江水牛 6 月龄平均体重为：母牛（123.2±20.4）kg、公牛（129.8±17.8）kg，断奶至 6 月龄母牛和公牛的平均日增重分别为 450 g 和 498 g。

12 月龄平均体重为：母牛（214.9±25.4）kg、公牛（228.3±31.9）kg，6～12 月龄母牛和公牛的平均日增重分别为 504 g 和 541 g。

18 月龄平均体重为：母牛（300.1±21.1）kg、公牛（351.6±24.4）kg，12～18 月龄母牛和公牛的平均日增重分别为 473 g 和 677 g。

24 月龄平均体重为：母牛（399±20.4）kg、公牛（483.9±17.9）kg，18～24 月龄母牛和公牛的平均日增重分别为 543 g 和 726 g。

三、肉用性能

1. 肉用性能指标　胴体重、净肉重、屠宰率、净肉率、胴体产肉率、肉骨比、眼肌面积、肌间脂肪含量、背膘厚、大理石花纹、肉色、嫩度等。

2. 屠宰性能和肉质性状　槟榔江水牛 36 月龄公（阉）牛平均空体重 426 kg，屠宰率为 52.6％，背膘厚 0.38 cm，净肉率为 44.5％，胴体产肉率 84.8％，骨肉比 1：4.41，眼肌面积 60.6 cm^2，皮厚 0.71 cm。

槟榔江水牛最适屠宰期为 30～36 月龄、体重 450～500 kg。槟榔江水牛背最长肌的肌纤维直径比本地水牛的肌纤维直径小、剪切力小，牛肉的嫩度比本地同龄牛高。

四、育种值估计

（1）遗传力　采用半同胞组内相关法估计生长发育和泌乳性状遗传力。

（2）遗传相关　采用半同胞组内相关法估计主要生长发育性状与生产性能性状间的遗传相关。

（3）运用 BLUP 法估计公牛和种子母牛的个体育种值。

第四节　选　　配

选配是在槟榔江牛群鉴定的基础上进行的，有计划地把具有优良遗传特性的公牛、母牛进行交配，得到能产生较大遗传改进的理想后代。

一、选配依据

在确定选配方案前，首先对本场牛群仔细调查分析，主要包括本场牛群的血统系谱图、在群牛的父亲、胎次产奶量、乳脂率、乳蛋白率和体型外貌的主要优缺点等。确定本场最近几年的育种目标，应结合本牛群母牛的生产性能及体型外貌情况，以改良 2 个或 3 个性状为主，不要面面俱到，才能获得较理想的改良效果。目前，我国的多数奶牛场的育种目标主要以产奶量和乳蛋白率为主，兼顾外貌中乳房结构、肢蹄和体躯结构等性状。

二、选配原则

根据育种目标，为提高优良特性和改进不良性状而进行选配；应考虑牛只的个体亲和力和种群的配合力进行选配；公牛的生产性能与外貌等级（遗传素质）应高于与配母牛等级；优秀公牛、母牛采用同质选配，品质较差的母牛采用异质选配，但是一定要避免相同缺陷或不同缺陷的交配组合。一般牛群应控制近交系数在 4% 以下；青年母牛应选择后代产犊容易的公牛。

三、选配方法

选配方法可分品质选配和亲缘选配两种。

（一）品质选配

品质选配也称选型交配，是一种根据在生产性状、生物学特性、外貌，特别是遗传素质等方面的品质间的异同情况而进行选配的方式。品质选配又可分为同质选配和异质选配。

1. 同质选配　也称同型选配或选同交配。这是一种以主要经济性状表型值具有相似性优点为基础的选配方式，即选用性能表现一致、育种值均高的种公、母水牛交配，以期获得与双亲相一致或相似甚至优于双亲的优秀后代。一般以性能一致、育种值高的优秀公牛与母牛群中 5% 的种子母牛选配，其后代可作为育种公牛或种子母牛的基础。

在水牛育种中，为保持纯种公牛的优良性状，可增加群体中纯合基因型的比例，或在导入杂交后出现理想个体时采用同质选配。为了提高同质选配的效果，选配应以一个性状为主，一般遗传力高的性状比遗传力低的性状的效果要好。但是若长期采用同质选配，遗传上缺乏创造性，适应性和生活力会下降。因此，在牛群中应交替采用不同选配方法。

2. 异质选配　也称异型选配或选异交配。这是一种以主要经济性状表型不同为基础的选配。异质选配的目的是将双亲优点集中于后代，创造一个新类型，或者以一亲代的优点去克服另一亲代的缺点和不足，使后代获得的主要品质一致。采用异质选配可以综合双亲的优良特性，丰富牛群的遗传基础，提高水牛的遗传变异度，同时还可以创造一些新的类型。但是异质选配使各生产性能趋于群体平均数，为了保证异质选配效果，必须坚持严格的选种和经常性的遗传参数估计工作。

3. 选配的应用　在水牛育种初期，为了获得和固定品质，以采用同质选配较为合适；到育种后期，所期望的类型已经大体形成，为了提高生活力和增强体质而采取不同品质甚至异质选配更合适。同时，选配工作应坚持一定时期或一定世代，才能获得长期的改良效果。一次性的选配，不管是同质或异质，所获得的进展都可能很快消失，这是自然选择对人工选择的回归作用。

（二）亲缘选配

亲缘选配是一种在考虑生产性能和特性特征的前提下，根据亲缘关系远近选择公、母水牛进行交配的选配方法。若双方亲本有较近的亲缘关系，属于近交；反之则为非亲缘交配，称为远交。控制近交系数≤4%，避免近交衰退，保种阶段主要采用亲缘选配。

1. 近交　一般应避免近交，但是为了某种目的而采用有亲缘关系个体进行选配，其近交系数可超过25%。因为近交能使后代的某些基因纯化，在培育高产水牛的工作中，如果能巧妙地运用近交的特点，可以收到意想不到的效果。其主要的用途有如下几点：

（1）固定优良性状　近交的基本效应是使基因纯合，因而可以利用这种方法来固定优良性状。近交多用于培育种公牛，使其优良性状稳定地遗传给后代。

（2）剔除有害基因　通过近交，基因趋于纯合，有害隐性基因得以暴露，将表现不良性状的个体淘汰，特别是带有致死基因或半致死基因的公牛不能使用。

（3）保持优良个体的血统　借助近交，可使优秀祖先的血统长期保持较高的水平。因此在牛群中若发现某些出类拔萃的个体而需要保持其优良特性时，可考虑用这头公牛与其女儿交配或子女间交配，或用其他近交形式，以达到目的。

（4）提高牛群的同质性　近交使基因纯合，可造成牛群分化，出现各种类型的纯合体，再结合选择，可获得比较同质的牛群。若将各同质牛群间进行杂交，可显示杂种优势，使后代一致，便于规范化饲养管理。

虽然近交对育种工作有好处，但近交会引起种质衰退，后代出现生活力和繁殖力下降、生长发育缓慢、死亡率增高、适应性差和生产性能下降等现象，应给予高度的重视。

2. 远交　远交是与近交相对而言的选配方法，它是指有目的地采用无血缘关系的公、母水牛间的选配。远交牛群中一般生产性状的改进和提高速度较慢，很少出现极优秀个体，一些优良性状也难以固定。

四、选种选配应注意的问题

（1）一定要做好本牛场的育种资料记录，了解所选公牛的血统，避免近交，从而避免后代个体的生产性能下降。

（2）在选配时，若母牛的缺陷较多，选择改良首选主要性状，若一次改良多个缺陷，会降低选择差，使遗传改良速度降低，达不到牛群的预期改良目的。

（3）群体制定选配计划时，应注意待测青年公牛和验证公牛的使用比例，青年牛精液由于没有经过后裔测定，所以价格相对较低，它的后代在各方面的表现还是未知数，在大群中大面积使用还是有一定的风险。而有后裔测定成绩的种公牛，虽说冻精的价格高，但它是经过后裔测定已证明其女儿在各方面遗传效果都是良好、稳定的，大面积使用比较稳妥，所以奶水牛场做选配计划时，建议待测青年公牛占 40%，而有后裔测定成绩的验证种公牛占 60%。

优良品种作为奶水牛生产的物质基础对奶水牛生产的影响占 40%。对奶水牛场来说，优良品种在很大程度上依赖于种公牛冷冻精液的选择。经济效益是奶水牛场的核心，牛场应根据自己的实际情况考虑牛群的育种改良目标，最终选择理想的种公牛，获得优秀的后代母牛。只有通过恰当的选种选配，加强饲养管理、繁殖管理、疾病防治等，才能培育出高产、优质、健康和长寿的牛群。

第五节　提高繁殖成活率的途径与技术措施

一、影响繁殖率的因素

1. 营养水平　营养不良或营养水平过高，都会对奶水牛发情、受胎率、胚胎质量、生殖系统功能、内分泌平衡、分娩时的各种并发症（难产、胎衣不下、子宫炎、妊娠率降低）等产生不同程度的影响。

2. 环境因素　槟榔江水牛是适合于温带、亚热带和热带生活的动物，适宜温度为 6～25 ℃，最适温度 15～25 ℃，而夏季气温往往高达 30 ℃甚至更高，对奶水牛采食量、产奶、繁殖等性能产生严重影响。可通过搭建凉棚、建水池、水牛圈舍内安装喷头和风扇进行屋顶喷淋和舍内喷雾等降温设施降低热应激对水牛的影响。

3. 产犊间隔　母牛产后监控是有效缩短产犊间隔的措施之一。从分娩开始至产后 60 d 之内，通过观察、检测（查）、化验等方法，以生殖器为重点，以产科疾病为主要内容的系统监控，及时处理和治疗母牛生殖系统疾病或繁殖障碍，对患有子宫内膜炎的个体尽早进行子宫净化治疗，促进产后母牛生殖机能尽快恢复。

4. 繁殖障碍　母牛的繁殖障碍即奶水牛暂时性或永久性不孕症，主要包括慢性子宫炎、隐性子宫内膜炎、慢性子宫颈炎、卵巢机能不全、持久黄体、卵巢囊肿、排卵延迟、繁殖免疫障碍、营养负平衡引起生殖系统机能复旧延迟等，高产母牛更为普遍。造成奶水牛繁殖障碍主要因素有三个方面：一是饲养管理不当，二是生殖器官疾病，三是繁殖技术失误。主要对策是科学合理的饲养管理、严格繁殖技术操作规范、实施母牛产后重点监控和提高母牛不孕症防治效果。

二、提高繁殖率的主要措施

1. 加强饲养管理　应根据槟榔江水牛不同生理特点和生长生产阶段要求，按照常用饲料营养成分和饲养标准配制饲粮，精粗合理搭配，实行科学饲养，保持奶水牛七八成的种用体况，切忌掠夺式生产，造成奶水牛泌乳期间严重负平衡。

2. 饲粮中添加有利繁殖的饲料添加剂　饲粮中添加丙二醇、过瘤胃氯化胆碱、过瘤胃保护烟酸可有效提高水牛的繁殖率（Shahsavari，2016；Jeong，2018）。

3. 发情检测　发情检测是基础母牛饲养管理中的重要内容，坚持每天早中晚三次进行发情观察，可显著提高母牛发情检测率。提高母牛发情检测率的方法主要有人工观察法、尾部涂漆法（群养）、直肠检查法等，可多种方法并用，使检测率更高。

4. 及时查出和治疗不发情或乏情母牛　奶水牛出现不发情或乏情多数与营养有关，应及时调整母牛的营养水平和饲养管理措施。对因繁殖障碍引起的不发情或乏情母牛，在正确诊断的基础上，可采用孕马血清促性腺激素、氯前

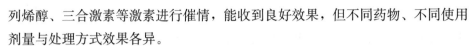

列烯醇、三合激素等激素进行催情，能收到良好效果，但不同药物、不同使用剂量与处理方式效果各异。

5. 加强保胎，做到全产　奶水牛配种受孕后，受精卵或胚胎在子宫内游离时间长，一般在受孕后 2 个月左右才逐渐完成着床过程，而在妊娠最初 18 d 又是胚胎死亡的高峰期，所以妊娠早期胚胎易受体内外环境的影响，造成胚胎死亡或流产。加强保胎，做到全产成为提高产犊率的主要措施。应注重饲养管理，实行科学饲养，保证母体及胎儿的各种营养物质需要，避免因营养不良或过高，以及热应激等环境因素造成母体内分泌失调和体内生理环境的变化；不喂腐烂变质、有强烈刺激性、霜冻等料草和冷冰饮水；防止妊娠牛受惊吓、鞭打、滑跌、拥挤和过度运动，对有流产史的牛更要加强保护措施，必要时可服用安胎药或注射黄体酮保胎。

6. 加强犊牛培育，做到全活　加强妊娠母牛的饲养管理，尤其是妊娠后期，有助于提高犊牛的初生重。严格让初生犊牛在产后 2 h 内吃上初乳，以增强犊牛对疾病的抵抗力。生后 7 d 进行早期诱饲，尽快促进牛胃发育。制定合理的犊牛培育方案，保证犊牛生长发育良好。避免犊牛卧在冷湿地面，采食不洁食物，防止腹泻等疾病的发生。

7. 现代繁殖技术的应用　现代繁殖技术主要包括同期发情、超数排卵、胚胎移植、胚胎分割、体外受精、性别控制、核移植等技术。

（1）水牛同期发情定时输精方法　将未妊娠的母牛集中成群，在空怀期当中的任何一天都可以开始启动同期发情处理程序。

第 1 天埋植 CIDR 栓，操作过程为：先把栓体安放到埋植枪中，然后在埋植枪前段外壁涂擦少许红霉素软膏，既起到润滑作用，也能防止外伤感染，接着扒开母牛阴道外口，通过埋植枪直接将整个栓体埋植入阴道腔内，使阴门外仅露出栓体拉线，便于撤栓；注意埋栓时要求稳固，并且每埋植一头完毕，均要用 0.1% 的高锰酸钾溶液对埋植枪进行浸泡消毒，然后才能进行下一头的埋植；同时，要让畜主或当地技术人员对埋植后的情况进行严密观察，防止掉栓，如有出现掉栓，应立即进行补埋。

第 10 天肌内注射 PG，剂量为每头 0.6 mg，即每头注射 3 支针剂。

第 13 天 09:00—10:00 撤栓。

第 14 天开始对试验母牛进行发情观察和鉴定，通过外部观察，对出现外阴部肿胀、吊线的牛（部分牛只还出现相互爬跨等现象），即可初步鉴定为已发情。

第 15 天 09:00—10:00 进行直肠检查，通过触摸卵巢，发现有卵泡发育的个体即可安排进行输精配种，从第 15~17 天每天 15:00 左右输精 1 次，每次输精使用 1 支细管冻精，连续输精 3 d。

（2）妊娠诊断　使用兽用 B 超仪对母牛进行早期妊娠诊断，比人工直肠检查法可提早 15 d，能有效提高母牛的繁殖率。

第五章
槟榔江水牛的营养需要与常用饲料

第一节　营养需要

营养需要是指动物在最适宜环境条件下，正常、健康生长或达到理想生产时对各种营养物质种类和数量的最低要求。水牛采食饲料，营养成分消化吸收后首先被用于机体维持需要，多余的养分才被用于生长、生产和繁殖需要，即最先被用于动物体蛋白质组织的生长，其次才用于动物机体脂肪组织的生长，不被消化的部分则被排出体外。

饲料营养水平的高低直接影响水牛对饲料的利用率，从而影响水牛的生长发育。饲料中的营养价值越高，则被水牛摄食后用于生长发育的数量越多。在水牛的快速生长发育期，若饲料中的营养不能满足其营养需要时，则导致生长发育受阻。但是，一味提高饲粮的营养水平，则可能会引起酸中毒、酮病等疾病，同时增加饲养成本等。因此，在水牛的生产实践中，要从生产目的和经济效益两方面考虑，不同生长阶段给予不同的营养水平。水牛营养需要与养分利用率取决于品种、饲料、饲养管理及环境条件等因素，并且水牛对营养的需要不是静态的，而是随着育种选择和杂交组合的变化而变化的（图 5 - 1）。

按照动物营养学中的析因法理论，动物需要量按其功能不同可以简单分为维持需要和生长需要（沉积需要）、运动需要、妊娠需要和哺乳需要。需要量又分为蛋白质沉积需要和脂肪沉积需要（卢德勋，2008）。动物从饲粮中获得的能量、蛋白质和其他营养成分首先被用于维持需要，其次才用于动物的生长和生产需要，且首先用于动物体内的蛋白质沉积，其次才用于脂肪沉积。目前

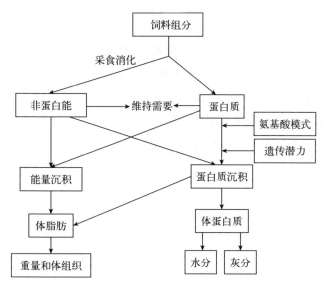

图 5-1　营养分割模型

对矿物质、维生素在水牛需要量方面的研究报道很少，而钙、磷在水牛体内是非常重要的，对于促进水牛的健康生长、维持其正常生理生化活动和提供生产性能方面都发挥着重要的作用。

维持需要是动物在维持一定体重的情况下，保持其生理功能正常所需的养分。通常情况下水牛所采食的营养有 1/3～1/2 用在维持上，维持上需要的营养越少越经济。影响维持需要的因素有：运动、气候、应激、卫生环境、个体大小、牛的习性和禀性、个体要求、生产管理水平和是否哺乳等。槟榔江水牛适宜的气候范围为 15～25 ℃，在此温度范围以外，水牛会需要更多的营养来维持其生理的正常活动。

生长需要是满足动物体躯骨骼、肌肉、内脏器官及其他部位体积增加所需的养分。在经济上具有重要意义的是肌肉、脂肪和乳房发育所需的养分，这些营养要求随动物的年龄、品种、性别及健康状况而异。

育肥需要是为了增加动物的肌肉间、皮下和腔脏间脂肪存积所需的养分。增膘是为了提高肉牛业的经营效益，因为其能改善肉的风味、柔嫩度、产量等级以及销售等级，有直接的经济意义。膘情丰满的个体在售价上占有优势，无论是拍卖、展销还是屠宰销售，膘情是重要的考核指标。

繁殖需要是母畜能正常生育所需的营养。包括使母畜不过于消瘦以致产奶量不足、被哺育的犊牛体重小而衰弱的营养需求,以及母畜在最后 1/3 妊娠期的增膘,以利产后再孕的营养需求。能量不足时母牛产后体膘恢复慢,发情较少,受孕率降低。蛋白质不足使母畜繁殖能力降低,延迟发情,犊牛初生重减轻。碘不足造成犊牛出生后衰弱或死胎。维生素 A 不足使犊牛畸形、衰弱,甚至死亡。因此,妊娠母牛在后期的营养很重要。对于种公畜来说,好的平衡日粮才能满足培养高繁殖率种畜的需要。

泌乳需要是促使妊娠母畜产犊后给犊牛提供足够乳汁的养分。过瘦的母畜常常产后少奶。

一、水的需要量

水是牛体的组成部分,是生理作用的重要物质,起溶解营养物质和促进整体呼吸和代谢的作用。水在牛体内占的比重极大,在新生牛犊体内占 74%,牛奶中占 86% 左右。水对牛的生产、总采食量有着不可缺少的作用。因此,饮水量是牛场建设的重要考虑因素。

饮水量因牛的年龄、体重和天气而异。牛对水的需要受日粮中干物质、矿物质含量、牛生理状况(产奶量、妊娠阶段)、环境(温度、湿度以及通风程度、饮水温度)等的影响。水牛对水的需要比对其他营养物质的需要更重要,一头饥饿的水牛失去几乎全部脂肪、半数以上蛋白质和 40% 的体重仍能生存,但失水达体重的 1%～2% 即出现干渴或食欲减退,如继续失水达体重的 8%～10%,则引起代谢紊乱,失水达体重的 20%,可致水牛死亡。试验证明,缺乏有机养分的动物可维持 100 d,如再同时缺水,仅能维持 5～10 d。成年水牛需水量按每采食 1 kg 干物质需要 4 kg 的水计,每天每头需 40～80 kg 的水。

水槽及供水设施的设计应以高峰期用水量为设计基础,保证在短时间内一群牛的用水,炎热的夏天更是如此。在生产中水的重要性往往被人们所忽视,除水量外,还需考虑供水温度、清洁度和质量等要求。

二、能量需要

目前,反刍动物能量需要的研究主要集中于代谢能体系和净能体系,代谢能体系实际上是根据代谢能转化为净能的不同效率又把净能转换为代谢能,而其转化的效率则因生产的目的不同而异,更为烦琐,只有英国等少数国家采用。净能体系则直接根据动物产品的能值来计算动物能量的需要量，既考虑了粪能、尿能，又考虑了气体能和体增热的损失，美国、欧洲大部分国家和中国均采用净能体系来表示反刍动物能量需要。净能体系由于代谢能（Metabolizable energy，ME）转化为维持、增重及产奶的效率不同，而代谢能用于维持（0.62）与产奶（0.64）的效率接近，故统一用产奶净能表示。净能体系包括产奶净能体系、生长（增重）和维持净能综合体系（冯仰廉，2004）。美国奶水牛和肉牛饲养标准（NRC，2001，2004）中的增重净能（NE_g）是通过连续比较屠宰试验法获得的（孟庆翔，2002，2005）。

（一）能量需要量的测定方法

能量需要量的测定方法有直接测热和间接测热法，其各有优劣（表5-1）。

表5-1 能量需要量测定方法比较

（杨嘉实，2004；Buskirk，1992；孔庆斌，2006）

方　　法		可得参数	优　点	缺　点
直接测热（动物用测热计）	呼吸测热	呼吸测热室	绝食代谢产热量，维持能量（绝食代谢产热量＋活动产热量）	调试简单，易自动控制	结构复杂、维修困难、造价昂贵、试验场所受限制
		呼吸面罩		结构简单、价格低廉、操作便捷、可用于放牧、行走、使役等测定	易受外界环境影响
间接测热	梯度饲养试验（碳、氮平衡）		生长净能、脂肪及蛋白质需要量	易行，费用适宜	准确率低于屠宰试验，过高或过低的饲养水平最终导致实验动物能量需要量估测的偏差
	比较屠宰法			方法测量精确，结果更接近于生产	实验动物只能使用一次，费用昂贵

相对于其他方法，比较屠宰方法测量精确，得到的结果为实测数据，代表了实验动物在试验期内的饲养水平、放牧活动以及所遭受自然环境变化的综合结果，更接近于畜牧业生产的实际条件，其结果具有相当的可靠性（李瑞丽，2012）。

(二) 奶水牛能量需要量的研究进展

世界上开展奶水牛能量需要量研究的主要有印度、意大利、巴基斯坦、尼泊尔等国,对尼里-拉菲水牛、摩拉水牛和地中海水牛等河流型水牛的研究,还有泰国和中国对本地沼泽型水牛和本地水牛与优良河流型水牛的杂交品种的研究。报道较多的是后备牛,其次是泌乳牛的不同阶段的能量需要量。无论从品种还是从生长阶段对其研究,都必须以维持需要量为基础,因为动物摄入的饲料只有满足了动物必需的维持需要后,才能用于沉积、生产产品。动物的能量维持需要受动物的活动量影响较大,因此在实际工作中,都是基于对绝食代谢产热量(fasting heat production,FHP)的测定,以此为基础根据实际情况加上一定活动产热量的比值而得。水牛通常增加 20% 的活动产热量即为维持净能(NE_m)。

虽然国内外对奶水牛营养需要量的结果报道不一致,但总的趋势为水牛的维持能量需要量高于同龄的奶水牛和肉牛的需要,而增重能量需要则未出现一致的趋势。这与水牛的品种、性别、年龄、体重和生产性能及饲粮中纤维水平以及试验方法不同,还有水牛的体况和活动量不同都有密切关系。一般来说,年龄小的家畜生长基础代谢高,维持能量需要高;而产奶期的家畜比成年不产奶家畜的基础代谢高,即维持能量需要也高;小体型牛的维持能量高于大体型牛的维持能量;小型牛的生长代谢能需要量小于大型牛的生长代谢能需要量;奶水牛的生长代谢能需要量小于肉牛的生长代谢能需要量。

(三) 槟榔江水牛的能量需要量

1. 维持净能需要量　槟榔江水牛维持净能需要量可采用在绝食代谢产热量的基础上增加 20%,即 386 kJ/($kgW^{0.75}$ · d)。

2. 增重净能需要量　水牛所采食的饲料在满足了维持需要后,多余的能量用于生长和繁殖。随着槟榔江水牛的生长发育,牛体内的水分和灰分的含量逐渐降低,蛋白质和脂肪的含量逐渐增加。初生犊牛的水分和灰分从 72.7%、6.6% 分别降到 24 月龄的 62.8% 和 4.2%,而蛋白质和脂肪含量则从出生时的 18.1%、2.4% 增加到 24 月龄的 21.7% 和 11.2%。而无脂空体的含水量、蛋白质含量和灰分含量则是恒定的,分别为 72.1%、22.1% 和 5.2%。因此,随着年龄的增长,对饲料能量的需要量也随之增加。0～3 月龄体重增长最快,达到绝对生长速度高峰，因此应加强此阶段的营养水平和饲养管理，对其日粮组成一定采用营养价值高、适口性好的饲料，以免影响犊牛的生长发育。断奶初期的日粮组成应注意质量，一定要采取少而精的原则，因为此时犊牛消化器官发育还不完善，对粗纤维的消化能力还较弱，但应尽早训练犊牛采食粗饲料，促进瘤胃的发育，提高其对粗饲料的采食消化能力。3～6 月龄断奶后，体重增长最慢，达到绝对生长速度低谷，应考虑到饲料的全价性，所喂饲料要尽量满足牛体的生长发育需要。在 6 月龄达到低谷后上升，在 12 月龄达到一个高峰后又下降并趋于平稳，其生长强度虽不及 3 月龄前强烈，但此阶段是牛只获得健壮体质和发达消化器官的重要环节。因此，对此阶段的营养水平及饲养管理一样不能忽视，增加精料用量。原则上既不能过量饲喂，也不能不足，用营养不足的日粮饲喂的小母牛，生长发育受阻，表现为到配种年龄时体重过小，发情周期推迟。过度饲养，小母牛获得过多能量，以致体脂肪贮存而过肥，母牛发情配种不易受胎，成年后产犊时发生难产。在夏季除用风扇及淋浴为水牛降温外，提供充足能量可减少乏情的概率（图 5-2）。

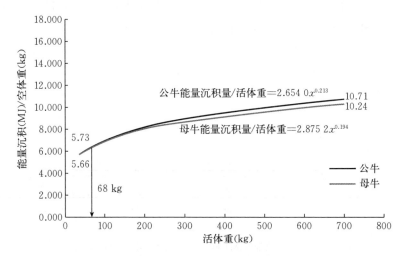

图 5-2 槟榔江水牛不同体重生长净能需要量

槟榔江水牛公牛的增重净能需要量估测公式：

$$增重净能需要量 (MJ/d) = 2.654\,0 \times 活体重^{0.213} \times 日增重$$

3. 槟榔江水牛产奶净能需要量　能量是三大营养物质的综合体现。目前，许多国家泌乳牛均采用产奶净能（NE_L）体系，用 4% 乳脂率和产奶量来计算泌乳牛对产奶净能的需求（Musgrave，1952；Tyrrell，1965；中国奶水牛饲养标准科研协作组，1987；中国奶水牛饲养标准，2004；孟庆祥，2002；AFRC，1993；INRA，2007）。乳的能量来源于乳脂肪、乳蛋白质、乳糖等成分，但是在实际生产中，测定牛奶中的能量相对复杂，需要把液体烘干为固体后，用能量测定仪测定牛奶中的能量，一是时间长且在烘干中易造成较大误差，二是所用设备非常规设备。而牛乳中的营养成分则是每个养牛场每月必送检测定的指标，较容易获得。乳脂肪和乳蛋白质含量不仅可预测乳中热量值，还可预测泌乳牛的能量是否平衡（Friggens，2007；Brunlafleur，2010）。法国奶水牛饲养标准（2007）、美国奶水牛饲养标准（2001）、英国奶水牛饲养标准（1993）及中国奶水牛饲养标准（2004）通过测定牛乳中的营养成分，推算出产奶净能的预测模型，从而指导生产（中国奶水牛饲养标准，2004；孟庆祥，2002；AFRC，1993；INRA，2007）。

通过对 304 个水牛原料乳样本的 DHI 及能量测定，发现乳脂肪、乳蛋白质、乳糖、尿素氮、乳总固形物和乳能值在月份间差异均不显著（$P>0.05$）；乳脂肪（F）、乳蛋白质（P）、乳糖（La）、尿素氮（MUN）、乳总固形物（MSC）和乳能值（E）的平均值（9—12 月）分别为 6.49%、4.44%、5.24%、13.60 mg/dL、18.75% 和 4.02 MJ/kg（图 5-3）。

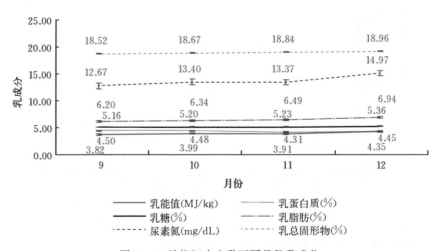

图 5-3 槟榔江水牛乳不同月份乳成分

乳能量分别与乳脂肪（$r=0.896$，$P<0.01$）和乳蛋白质（$r=0.563$，$P<0.01$）呈现极显著正相关；与乳糖（$r=0.079$，$P<0.01$）和尿素氮（$r=0.029$，$P<0.01$）为弱正相关（$r=0.079$，0.029，$P<0.01$）（表 5-2）。

表5-2 水牛乳乳能量与乳成分相关性分析

指　　标	乳脂肪	乳蛋白质	乳糖	尿素氮	乳能值
乳脂肪	1	0.123*	−0.008	−0.071	0.896**
乳蛋白质		1	−0.065	0.005	0.563**
乳糖			1	0.003	0.079
尿素氮				1	0.029

注：*表示显著相关，**表示极显著相关。

从乳脂肪与乳蛋白质和乳能量的三维图可见，乳能量受乳脂肪及乳蛋白质的影响较大，尤其是乳脂肪的含量（图5-4）。

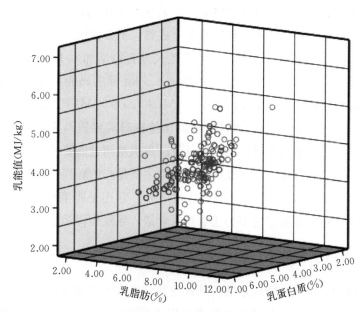

图5-4 乳脂肪与乳蛋白质和乳能值的三维图

分别以 F，F 和 P，F、P 和 La，F、P、La 和 MUN 为预测因子预测 E 的一元、二元、三元及四元回归方程的拟合度均在 0.90 以上，可通过水牛乳中的乳脂肪、乳蛋白质、乳糖及尿素氮含量预测水牛乳产奶净能，方程分别为：

$$E = 0.388 \times F + 1.540，R^2 = 0.933\,6，P < 0.01$$

$$E = 0.373 \times F + 0.221 \times P + 0.460，R^2 = 0.926\,7，P < 0.01$$

$$E=0.396\times F+0.186\times P+0.105\times La-0.104,\ R^{2}=0.954\ 0,\ P<0.01$$

$$E=0.397\times F+0.187\times P+0.106\times La+0.002\times MUN-0.146,$$
$$R^{2}=0.958\ 0,\ P<0.01$$

（四）影响能量需要量的因素

1. 温度　水牛的最适宜温度在 15～25 ℃，低温时热损失增加。在 15 ℃ 的基础上，平均每下降 1 ℃产热增加 2.51 kJ，据此应增加 1.2% 的维持能量。 从 21 ℃增加到 32 ℃为散发多余的热，平均每上升 1 ℃要多消耗 3% 的维持能量。

2. 增重　第 1、2 胎母牛由于在继续生长发育中，因此它的维持需要应增加，1 胎时增加 20%，2 胎时增加 10%。若生第 1 胎时是在 40 月龄，增加维持需要也只能是 10%，3 胎时已发育完全成熟，不必再增加。

3. 妊娠期胎儿发育阶段体重　胎儿生长发育每增加 4.186 8 MJ 的妊娠能量大约需要 20.389 MJ 产奶净能，相当于 6.5 kg 标准奶能。因此，在妊娠最后 3 个月应分别增加 7.117 MJ、12.560 MJ 和 20.934 MJ 产奶净能。

4. 饲养方式　在运动场逍遥运动就比拴饲时需要提高 15% 的维持能量。放牧时要按运动量来增加维持能量。能量的提供量超过需要量时，超过的部分就会变成脂肪贮存于体内，泌乳盛期的减重主要是脂肪转换，它所提供的能量是碳水化合物 2.25 倍。脂肪除提供能量之外，它还是脂溶性维生素的载体，但反刍动物日粮中脂肪量过多会影响到采食量，导致瘤胃功能失调。

三、蛋白质需要

反刍动物瘤胃微生物区系的特殊性使其对蛋白质的需求相对于禽类和单胃动物而言更加复杂。反刍动物的蛋白质需求最初以粗蛋白质（CP）体系或可消化粗蛋白质（DCP）体系来表示，但是它不能反映出饲料蛋白质在瘤胃中的降解率和瘤胃合成瘤胃微生物的蛋白质量。因此，被小肠吸收和利用的蛋白质量不得而知，无法获得动物对蛋白质的真实需要量，对于反刍动物来说，蛋白质需要量实则是动物小肠的蛋白质需要量。随着反刍动物蛋白质营养研究的不断深入，世界各国建立了不同的奶水牛蛋白质营养新体系，但这些都以小肠蛋白质为基础来估测奶水牛的蛋白质需要量和供给量（Paenkoum，2013），只是表达的方式有所不同，如法国和荷兰的小肠可消化真蛋白质体系、澳大利亚和中国的小肠可消化粗蛋白质体系、美国和英国的小肠可代谢蛋白质体系。

（一）蛋白质需要量的测定方法

维持蛋白质需要量的研究大多采用瘤胃灌注挥发性脂肪酸（VFA）试验获得。通过比较屠宰试验得到氮沉积的数据，结合饲养试验，碳、氮平衡试验中获得的饲粮中蛋白质（氮）摄入量和粪中蛋白质的排出量，通过外推法，计算在不同阶段维持奶水牛所需的净蛋白质数量，并通过分析动物体重与动物机体蛋白质（氮）的关系，建立不同阶段动物机体氮含量的析因模型，而得到奶水牛不同阶段、不同日增重下的生长净蛋白质需要量，进而得到奶水牛不同生长阶段的蛋白质总需要量（维持和生产需要）。

（二）蛋白质的作用及利用机理

在反刍动物体内，饲料蛋白质约 70％在瘤胃受微生物作用而分解，30％在肠道分解。饲料中能被细菌发酵而分解的蛋白质叫瘤胃降解蛋白质（RDP），不能被细菌分解，只有过瘤胃以后（真胃、小肠）才能分解的蛋白质叫非降解蛋白，或过瘤胃蛋白（RUP）。瘤胃降解蛋白质降解产生的 NH_3 在有充足能源物质时被微生物利用合成蛋白质。微生物利用 NH_3 的能力有限，当水牛瘤胃 NH_3 浓度达每 100 毫升 5～8 mg 时，瘤胃蛋白质合成达到最大水平，超过微生物利用能力的 NH_3 被吸收进入血、肝脏合成尿素，大部分从尿中排出，少部分（20％以下）通过唾液再循环进入瘤胃，或直接从血液通过瘤胃壁扩散入瘤胃。

（三）蛋白质水平对泌乳牛的影响

1. 粗蛋白质水平日粮对泌乳天数的影响　河流型水牛的泌乳期多在 239～340 d，摩拉水牛和尼里-拉菲水牛泌乳天数在 240 d 以下所占的比例分别为 17.36％和 30.45％，240～360 d 的比例分别为 57.68％和 52.92％，360 d 以上的比例分别为 24.93％和 16.62％。槟榔江水牛的平均泌乳天数为 269.53 d，最高泌乳天数为 330 d，最低泌乳天数为 140 d。这与个体差异和日粮水平及饲养管理密切相关。日粮粗蛋白质水平从 10％、12％到 14％，平均泌乳天数分别为 221.7 d、234.7 d 和 254.3 d，平均泌乳天数有增加的趋势，但差异不显著。

2. 粗蛋白质水平日粮对产奶量的影响　日粮粗蛋白质水平从 10％、12％

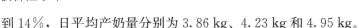

到 14%，日平均产奶量分别为 3.86 kg、4.23 kg 和 4.95 kg。

采用 Wood 模型 $y=ax^b e^{-cx}$，拟合泌乳曲线（式中 y 为时间 x 对应的产奶量；a 为规模因子，b 为产奶量上升参数，c 为产奶量下降因子，x 是时间变量，e 是自然对数的底数)，用 SPSS 软件对三个组产奶量进行曲线拟合，通过曲线拟合所得的 a、b、c 三个参数可以进一步估计以下二级参数：

泌乳持久力：$P=c^{-(b+1)}$

高峰泌乳日：$T_{max}=b/c$

高峰泌乳量：$PY=a \ (b/c)^b e^{-b}$

14% 粗蛋白质水平组：$y=3.335x^{0.233} \times e^{-0.005x}$，$R^2=0.757$

12% 粗蛋白质水平组：$y=4.775x^{0.137} \times e^{-0.006x}$，$R^2=0.921$

10% 粗蛋白质水平组：$y=4.01x^{0.11} \times e^{-0.004x}$，$R^2=0.733$

以上公式中规模因子 a 越大，说明产奶起点越高，可能的产奶量越高；参数 b 越大则奶水牛达到泌乳高峰越快，泌乳量上升的速度越快；参数 c 越大，产奶量下降的速率越慢，泌乳持久力越大，则泌乳下降期保持产奶量稳定的程度越大。

14% 粗蛋白质水平组的产奶起点较低，但产奶上升因子比其余两组高，12% 和 14% 粗蛋白质水平组的高峰产奶量分别为 6.39 kg、6.47 kg，二者相差不大，但相比之下 10% 粗蛋白质水平组试验牛泌乳高峰为 5.17 kg 就要逊色得多，达到泌乳高峰后 14% 粗蛋白质水平组的泌乳持久力较高，直至泌乳末期其平均产奶量始终保持在 3 kg 以上，而 10% 和 12% 粗蛋白质组的平均产奶量分别在 200 d 和 220 d 之后就已经低于 3 kg，根据饲养成本及奶价分析，一般奶水牛的日产奶量低于 3 kg 就不再具有继续挤奶的价值，否则会导致入不敷出。

14% 粗蛋白质水平组泌乳牛在产后第 47 天达到泌乳高峰，12% 粗蛋白质组试验牛在产后第 23 天达到泌乳高峰，10% 粗蛋白质组在产后第 28 天达到泌乳高峰，可见产奶量较高则达到泌乳高峰所需的时间较长。

总体看来，10% 粗蛋白质组试验牛的产奶量始终处于较低水平，而 12% 粗蛋白质组较 14% 粗蛋白质组而言，虽然缩短了达到泌乳高峰日的时间，但是达到泌乳高峰后持续力较低，产奶量下降较快。因此，对于槟榔江水牛而言，将日粮粗蛋白质水平从 10% 提高至 14% 可显著提高其产奶量，也可改变其泌乳曲线的走势。

与荷斯坦牛的泌乳曲线相比，槟榔江水牛泌乳曲线的走势与之是大致相似的，但又不完全相同。首先产奶量较低，高峰产奶量也远远低于荷斯坦牛，达到泌乳高峰的时间也较为提前，这可能是由于槟榔江水牛的产奶量较低，因而达到泌乳高峰所需时间较短（图5-5）。

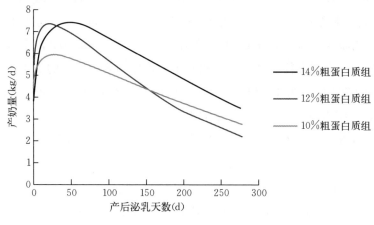

图5-5　三组试验牛的泌乳曲线

3. 日粮粗蛋白质水平对乳成分的影响　随日粮蛋白质水平的增加，乳脂率都呈现为第一泌乳月较高，第二泌乳月略有降低，之后呈逐渐增加的趋势，与泌乳曲线的变化规律相反。日粮粗蛋白质水平从10%提高到14%对槟榔江水牛的乳脂率无显著影响。

乳蛋白率的变化规律与乳脂肪相似，都呈与泌乳曲线走向相反的趋势，且将日粮粗蛋白质水平从10%提高到14%，对乳蛋白率无显著影响。

提高日粮粗蛋白质水平对乳糖含量无显著影响，且随泌乳月的变化规律不明显，在4.26~5.5变化，变幅小。

日粮粗蛋白质水平对槟榔江水牛牛乳总固体含量无显著影响。

日粮粗蛋白质水平对牛乳非脂固形物的含量无显著影响，且不同泌乳月间变幅也不大。

10%、12%和14%粗蛋白质水平组试验牛乳尿素氮的平均含量分别为20.20~32.64 mg/dL、24.76~42.28 mg/dL和27.37~39.63 mg/dL，除第三泌乳月14%粗蛋白质水平组显著高于（$P<0.05$）其余两组外，其余泌乳月各组间差异不显著（$P>0.05$），但除第八泌乳月外，前七个泌乳月14%粗蛋白质水平日粮组的乳尿素氮含量始终比其余两组高，说明提高日粮粗蛋白质水平有增加乳中尿素氮含量的趋势；且 10％粗蛋白质组与 14％粗蛋白质组差异显著，并且高于之前的报道。三个日粮组都表现为产后第一泌乳月乳尿素氮较低，之后有随着泌乳月增加而逐渐增长的趋势。毛华明和白文顺（2013）等人研究表明云南省大理市、德宏州和保山市的 2 532 份云南省水牛奶中尿素氮平均含量为（17.66±7.51）mg/dL（范围为 0.30～47.40 mg/dL），谢红（2011）对云南省的 5 个奶水牛场 2009—2010 年两年间 2 882 份水牛奶分析，发现其平均尿素氮为 10.6 mg/dL（范围为 5.3～40.1 mg/dL），李清（2017）对云南腾冲、大理和德宏 3 个主要奶水牛养殖场和养殖小区的 2014—2015 年9—12 月的 304 份牛奶样本研究表明，其乳尿素氮含量均值为 13.60 mg/dL。

4. 日粮粗蛋白质水平对采食量的影响

14％粗蛋白质水平组：$y=8.542x^{0.006}\times e^{-0.001x}$，$R^2=0.177$

12％粗蛋白质水平组：$y=9.015x^{0.014}\times e^{-0.001x}$，$R^2=0.036$

10％粗蛋白质水平组：$y=7.026x^{0.081}\times e^{-0.001x}$，$R^2=0.049$

从图 5 - 6 可知，三组试验牛产犊后采食量都有增加的趋势，但差异不显著，只是 14％粗蛋白质水平组和 12％粗蛋白质水平组试验牛初产犊时采食量较高（8.5～9 kg），产犊后上升幅度较小，分别在产后第 6 天和第 14天达到采食高峰；高峰采食量分别为 8.58 kg 和 9.22 kg，而 10％组试验牛初产犊后采食量较低，产犊后上升幅度较大，在产后第 81 天达到采食高峰，高峰采食量为 9.24 kg，与 12％粗蛋白质组相差不大，略高于 14％粗蛋白质组。

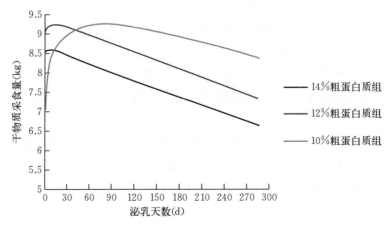

图 5 - 6 三组试验牛泌乳期内采食量变化趋势

邹彩霞（2012）等人报道日粮蛋白质水平从 13.6％增加至 16％，水牛的干物质采食量（DMI）始终是 12.2 kg/d，Campanile（1998）等报道当日粮粗蛋白质水平从 9％增加至 12％时，其干物质采食量增加 0.3 kg/d，但差异不显著（$P>0.05$）；Gaafar（2011）等报道日粮粗蛋白质水平从 12％升至 16％，其干物质采食量增加 0.23 kg/d，但差异不显著（$P>0.05$）；Bovera（2002）等人报道日粮粗蛋白质水平从 13.65％增加至 15.33％，其干物质采食量增加 0.2 kg/d，但差异不显著（$P>0.05$）；杨海涛（2016）等人报道日粮粗蛋白质水平从 16.5％增加至 17％，奶水牛的干物质采食量增加 0.43 kg/d，但差异不显著（$P>0.05$）；与本试验所得结果一致。但 Broderick（2003）认为提高日粮粗蛋白质水平，会增加干物质采食量，也有美国威斯康星大学的 Colmenero 等学者证明了 DMI 是随日粮粗蛋白质的提高而增加，与上述结论不一致，这可能与试验牛的品种及试验设计的日粮粗蛋白质水平跨度等因素有关，具体原因有待进一步研究。但从本试验拟合的采食量曲线可知，将日粮粗蛋白质水平从 10％升高至 12％和 14％，可能会提高槟榔江水牛产犊初期的采食量及改变整个泌乳期内采食量的变化趋势。

5. 日粮粗蛋白质水平对槟榔江水牛体重变化的影响　将各组牛的体重与实际对应的泌乳天数采用 Wood 模型拟合后得出如图 5-7 所示的三条体重变化规律曲线，且各试验组所拟合的体重随泌乳天数增加而变化的方程为：

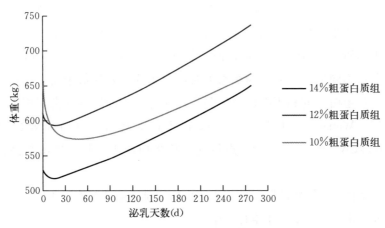

图 5-7　三组试验牛泌乳期内体重变化趋势

14％粗蛋白质水平组：$y=529.469x^{-0.013}\times e^{0.001x}$，$R^2=0.234$

12％粗蛋白质水平组：$y=610.442x^{-0.016}\times e^{0.001x}$，$R^2=0.005$

10%粗蛋白质水平组：$y=656.932x^{-0.047}\times e^{0.001x}$，$R^2=0.030$

三组试验牛产犊后体重变化趋势为先降低后逐渐增长，其中14%组的试验牛在产后第13天体重降到最低值，而12%组和10%组的试验牛分别在产后第16天和第47天体重降到最低。相比之下14%组的试验牛体重下降最慢，从产后第13天体重开始恢复，产后第60天左右恢复到产犊时水平，而10%组的试验牛体重下降最快，产后第47天才开始增重，直至泌乳末期体重才恢复到产犊时水平，可见提高日粮粗蛋白质水平对槟榔江水牛产后体重损失有改善作用，可能是提高了日粮粗蛋白质水平，减缓了产后能量负平衡的原因。

因此，将槟榔江水牛的日粮粗蛋白质从10%提高到14%是有必要的，不仅能将采食高峰提前，缓解机体能量负平衡，将泌乳早期奶水牛体重下降控制在0.9 kg/d以内，还能提高产奶量，保证较高的泌乳持久力，提前恢复泌乳早期损失的体重。但同时也应注意泌乳后期奶水牛体况过肥。

（四）水牛蛋白质的需要量研究进展

从国内外对奶水牛蛋白质需要量的研究结果分析，不同品种和不同阶段的奶水牛蛋白质维持需要量与NRC（2001）推荐的需要量有差异：除了Paul（2002，2007）对尼里-拉菲水牛生长期和Tatsapong（2010，2013）对泰国沼泽水牛生长期蛋白质维持需要量，以及Paengkoum（2013）得到的泰国沼泽型水牛生长蛋白质需要量高于NRC（2001）推荐量外，其余研究结果均低于NRC（2001）推荐量，说明奶水牛对蛋白质的利用与荷斯坦牛及英系肉牛是不同的。研究认为奶水牛对蛋白质的需要量低于瘤牛和黄牛，说明奶水牛对蛋白质的利用率比黄牛要高，这与水牛瘤胃营养密切相关（沈延法，1994；Wanapat，2003）。生长水牛可消化蛋白质维持需要量可采用2.549 g/(kgW$^{0.75}$·d)。今后重点研究生长蛋白质需要量，即沉积蛋白质的需要。

不同品种及不同年龄阶段的奶水牛蛋白质维持需要量有所不同，产奶母牛的维持可消化蛋白需要高于空怀母牛。

（五）槟榔江水牛蛋白质需要量

不同水牛品种不同阶段蛋白质需要量见表5-3。

表5-3 水牛不同品种不同阶段蛋白质需要量

不同阶段	犊牛	后备牛	泌乳早期	泌乳中期	干奶期
尼里-拉菲水牛维持可消化蛋白质 $[g/(kg\ W^{0.75} \cdot d)]$	4.03	3.4	3.2	3.47	2.54
泰国沼泽型水牛可消化蛋白质 $[g/(kg\ W^{0.75} \cdot d)]$		4.66			
生长可消化蛋白质 $[g/(kg\ W^{0.75} \cdot d)]$	4.5		6.3		
日粮蛋白质水平（%）	14.2	12.2	14.8	14.8	13.6

注：槟榔江水牛公牛蛋白质沉积（g/d）=0.135 1×活体重$^{0.047}$×日增重。

四、纤维素需要

纤维素对瘤胃功能的正常运转起到保障作用，如刺激瘤胃蠕动与正常的反刍，维持瘤胃 pH 6~7 的环境，有利于瘤胃细菌的正常繁殖和活动。纤维素在咀嚼时间上起到调节作用，有利于产生更多的组成乳脂的挥发性脂肪酸，保持乳脂率的正常水平。水牛饲粮中的粗纤维含量应有 15%~17%，中性洗涤纤维以 25%~28% 为宜，其中 75%~80% 来自粗饲料。犊牛后期饲粮中粗纤维含量应不少于 13%，育成牛期不少于 15%，泌乳牛不少于 17%，干奶水牛不少于 22%。

五、矿物质需要

矿物质为无机元素，但可以以无机或有机的形式存在。根据牛对不同元素的需要量不同，可分为常量元素和微量元素。常量元素占体重 0.01% 以上，主要指钙（Ca）、磷（P）、钠（Na）、氯（Cl）、钾（K）、镁（Mg）、硫（S）等；微量元素占体重 0.01% 以下，有铜（Cu）、铁（Fe）、锰（Mn）、锌（Zn）、硒（Se）、钴（Co）、碘（I）、氟（F）等。

（一）常量元素

1. 食盐（氯化钠） 牛以食草为主，牧草中钾含量很高，必须喂盐以抵消钾含量高的不良作用。血液中含氯 0.25%、钠 0.22%、钾 0.02%~0.022%。每千克牛奶中含氯 1.14 g，钠 0.64 g。钠是调节组织渗透压的元素，与氯一起参与尿和汗的排泄。钠参与葡萄糖和某些氨基酸的输送，形成胆汁和促进肌肉收缩。氯在胃中形成盐酸，并激活许多消化酶。缺乏食盐时牛出现异嗜，丧失食欲，被毛粗糙，眼睛无光，不能正常生长，严重时也能引起死亡。

2. 钙　钙为骨骼的主要成分，动物体内 98％ 的钙在骨骼中。血钙含量约为 0.1 mg/mL，缺钙时动物不能正常生长，而血钙量正常时动物心跳节律才能正常。缺钙能导致产后母牛昏迷。生长中的犊牛因缺钙会患佝偻病，成年牛患骨软症或骨质疏松症，奶水牛患产褥热（分娩瘫痪），兴奋性高，抽搐。过多会引起磷和锌的吸收不足，引起尿石症等病。

产前必须喂低钙日粮（含钙 0.2％，钙、磷比为 1∶1），产后立即增到 0.6％～0.8％（钙、磷比为 2∶1），可防止产后瘫痪，或产后 5～6 d 注射维生素 D 也有效。

3. 磷　磷是脂肪代谢的必要成分，也是遗传信息如核糖核酸和脱氧核糖核酸的组成成分。缺磷也会引起佝偻病，降低繁殖能力。磷是骨骼的主要组成部分，参与许多代谢过程。磷的吸收受来源、年龄、pH、乳糖、脂肪、钙、铁、镁等影响。维生素 D 对磷的吸收也有重要作用。磷不足时生产率、饲料利用率降低，食欲减退，乏情，受胎率降低，产奶量减少；牛体质衰弱、骨骼易折、关节僵硬。谷物和饼粕含磷高，秸秆含磷少。过多的磷会导致尿结石、血钙降低。可接受范围为 0.35％～0.65％。

4. 镁　镁是骨骼的重要成分，也为正常肌肉活动和许多酶系统所必需。60％ 的镁在骨骼中，在细胞中镁的浓度居第二位，仅次于钾。日粮中钾、钙、磷等含量高时，镁的需要量增加。一般饲料可提供足量的镁，但远在中毒水平之下。推荐量为 0.2％～0.3％，最大耐受量为日粮的 0.4％。一般情况下，植物中含镁较多，尤其是饼粕、糠麸和青草类均富含镁。

反刍动物低镁症早期表现为外周血管扩张，脉搏增数，呼吸困难。随后，出现神经过敏，颤抖、过分兴奋，面部肌肉痉挛与步态蹒跚，食欲不振。

一般镁缺乏症具有地区性，因土壤缺镁导致牧草缺镁，故又称"草痉挛"。此病常发生于晚冬和早春放牧季节，此时牧地植物中含镁量少。气候寒冷和多雨可促使该病发生。处于低镁地区的牛，可采用将两份硫酸镁混于一份食盐中，让其自由舔食，以满足镁需要。

摄入过量时表现为昏睡、运动失调、腹泻、采食量下降、生产力降低。

5. 钾　主要存在于肌肉和奶中，牛一般不缺钾。推荐量为 1.7％～1.8％。吸收过多会妨碍钙的吸收。钾对细胞渗透压平衡有重要作用，还能维持酸碱平衡、保持水分。严重缺钾则食欲消失、生产停滞、肌肉衰弱、过敏、瘫痪和强直。饲草中含钾多，精料含钾少。

6. 硫　以蛋氨酸和缬氨酸等的形式存在。在毛中含量很高，也是维生素 B_1（硫胺素）和生长素的组成成分。胰岛素和谷胱甘肽等能量代谢的调节剂都含硫。研究表明，添加硫可促进瘤胃纤维素消化，而添加复合硫、磷效果更好。

一般饲料不缺硫，但日粮中大量使用非蛋白氮时，必须补充硫。大量的硫化物被吸收可引起中毒，每千克日粮不超过 1.5 g，过高会影响对铜和硒的利用率。

缺硫主要症状为食欲减退、增重减少、产奶量下降、呆板、瘦弱，角、蹄、爪、毛、羽生长缓慢；体重减轻、生产性能下降。可通过硫酸钠（芒硝）和硫酸镁补充。

过量时表现为厌食、失重、抑郁等症状。

（二）微量元素

1. 钴　钴是瘤胃微生物繁育和合成维生素 B_{12} 的必需元素，因此钴的添加是十分必要的。牛饲料中钴含量为 0.1 mg/kg 即足够。缺钴则牛毛倒立，皮肤脱屑，母牛乏情，流产，食欲不振，消瘦。饲料中含钴低于 0.07 mg/kg 时会出现钴缺乏症。钴补给量为 0.2～0.3 mg/kg，碳酸钴和硫酸钴是补钴的常用药品。

2. 铜和铁　这两种元素共同参与血红蛋白的合成。对氧的代谢、过氧化酶的作用、肌肉和神经作用都十分重要，为代谢所必需。体内的铜主要集中在肝脏，其次是脑、肾、心、眼及毛发中，是多种酶的成分。这些酶直接参与红细胞生成、骨骼形成、被毛色素沉着及脑细胞的代谢等。

在水牛饲粮配方配制时，要考虑铜的颉颃元素：硫和钼。高硫和高钼会降低动物对铜的利用率。不含干酒糟及其可溶物（DDGS）的饲粮，铜推荐量为 12～17 g/t。含有颉颃物的饲粮，铜推荐量为 20～30 g/t。

铜主要缺乏症为贫血，1～2 月龄犊牛运动失调，摇背病（脑和神经缺陷所致），关节增大，骨质疏松，骨折和骨畸形，成骨作用缓慢，被毛脱色，出现脱毛、硬毛，繁殖下降。

缺铜的主要治疗措施为：犊牛从 2 月龄开始每周补 4 g，成年牛每周补 8 g

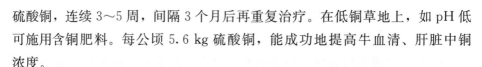
硫酸铜，连续3~5周，间隔3个月后再重复治疗。在低铜草地上，如pH低可施用含铜肥料。每公顷5.6 kg硫酸铜，能成功地提高牛血清、肝脏中铜浓度。

铁主要缺乏症为低红细胞性贫血，临床表现为生长慢、昏睡、可视黏膜苍白、呼吸频率加快、抗病力弱、死亡率增加（6~7日龄幼畜常见）。

3. 氟　一般情况氟不缺，但缺乏时影响泌乳。多氟则影响钙、磷代谢，使骨质疏松，牙齿松动，对产犊母牛影响尤为严重，解除氟中毒要多加磷酸钙类添加剂。水中氟含量过量会出现中毒症状，产奶母牛往往引发佝偻病。严重时出现肋骨和尾骨软化，肢骨疏松症状。稍微过量易发生中毒。

4. 碘　碘主要存在于甲状腺中，少量地存在于肾、唾液腺、毛发、胃、皮肤、乳腺和卵巢之中，含碘量适中可缓解以上器官的病情，并降低患病概率。碘的补给量每千克饲料不超过0.6 mg为宜，如在饲料中加入1%含0.015%碘的碘化物。

缺碘主要症状：生长迟缓和骨短小，导致侏儒症，甲状腺肿大，无毛，胎儿发育受阻，弱胎、死胎，精液品质下降，繁殖力下降。

5. 硒　硒是与维生素E共同作用于繁殖的元素。饲料含硒推荐量为0.3~0.6 g/t。日粮中添加0.2 mg/kg硒，可以明显提高后备母水牛的日增重。

缺硒主要症状为：①白肌病，犊牛常见营养性肌肉萎缩，横纹肌上出现白色条纹，肌球蛋白合成受阻，心肌损伤，心脏肿大，可突然死亡；②肝坏死；③繁殖力减退，精子数量和活力下降，畸形率上升，易引起不孕；④影响育肥牛的生长。

长期采食含硒5 mg/kg的日粮可产生中毒。主要表现为消瘦、脱毛、脱蹄、瞎眼，最终死亡。

6. 锌　锌是多种酶的成分。试验结果表明，在摩拉水牛公牛饲粮中添加70 g/t的锌可以改善雄性水牛的生长性能和饲料转化效率。无机锌的推荐量为70 g/t，有机锌的推荐量为60 g/t。

缺锌症状为生长发育缓慢或停止，表现为呆小症或侏儒症；影响动物的正常味觉，使食欲降低，异嗜；皮肤角质化过度或不全，出现皮炎、皮肤增厚和脱毛现象；公母畜繁殖率降低；免疫功能降低。饲料中高钙、植酸、纤维素、铜、铁等含量影响对锌的吸收。维生素A、维生素E、蛋白质可提高锌的利用。葡萄糖酸锌是最佳补充态。用锌碘制剂可治疗癞皮病、异嗜癖。Imam（2008）试验结果证明锌还可改善精子质量。

7. 锰　锰参与骨骼的形成、性激素合成和碳水化合物代谢。青绿饲料、糠麸类饲料含锰丰富，生产中常用硫酸锰和氧化锰作为添加剂使用。动物对锰过量的耐受力较强，牛用推荐量为 1 000 mg/kg。过量时，动物生长受阻，出现贫血和胃肠损害。

犊牛缺锰时，软组织增生引起关节肿大；母牛发情不明显，妊娠初期易流产，犊牛初生重低。

六、维生素需要

维生素是动物体正常生长发育、生产、繁殖所需的微量小分子的有机化合物，可分为脂溶性和水溶性两大类。在春夏季节放牧场草质优良，秋冬季节有优质干草和青贮饲料的条件下，牛一般不缺乏维生素。因为优质牧草中通常含有丰富的维生素 A、维生素 D 和维生素 E；牛瘤胃中的微生物能合成 B 族维生素和维生素 K，在组织中可以合成维生素 C。但是当家畜没有充分的光照或干草晒制时阳光不足，会引起维生素 D 不足。幼犊饲喂代乳品和牛饲喂大量青贮料时，必须补饲各种维生素。高产牛也需要添喂维生素补剂。

（一）脂溶性维生素

包括维生素 A、维生素 D、维生素 E 和维生素 K。因这些维生素都溶于脂肪而得名，在畜体内贮存相当数量。

1. 维生素 A　维生素 A 通常以酯的形式存在于动物体内。维生素 A 与视觉有关，又与正常的生长及骨髓和牙齿的正常发育有关，还能保护皮肤、消化道、呼吸道和生殖道上皮细胞的完整。胡萝卜素是维生素 A 的前体，牛将胡萝卜素转化为维生素 A 的效率很低，仅为 25%。黄玉米含有胡萝卜素，但其含量约为晒制良好的干草的 10%。优质豆科牧草及干燥的豌豆、胡萝卜都是富含维生素 A 的饲草。

以秸秆为主的干奶期饲粮中添加维生素 A 95 000 IU/ d。

缺乏维生素 A 表现生长停止、夜盲、流泪、流鼻液、咳嗽、腹泻、肺炎、步态不协调、瞎眼、上皮角质化、食欲下降、消瘦、被毛粗乱、鳞片皮症、流产、死胎等。

维生素 A 过量有毒性，会造成骨骼过度生长、听神经和视神经受损及皮肤发炎等。

2. 维生素 D　维生素 D 又称抗佝偻病维生素。它实际上是类固醇激素，除从食物摄入外，在水牛有足够的时间接触阳光时，紫外线能将皮肤中的微量 7-脱氢胆固醇转化成维生素 D。维生素 D 有促进肠道磷、钙的正常吸收，消除肾脏内的磷酸盐及改进锌、铁、钴和镁等矿物质的吸收效率的作用。

维生素 D 缺乏表现为骨软化症、骨质疏松症、佝偻病等。维生素 D 过量会引起钙在心脏、血管、关节、心包或肠壁过度沉积，导致心力衰竭、心血管及泌尿系统疾病。

3. 维生素 E　维生素 E 又称生育酚。植物油、初乳和禾本科植物的芽胚中含有丰富的维生素 E。初乳的维生素 E 是提高初生犊免疫力的因素之一。维生素 E 还有抗毒、抗肿瘤和抑制亚硝基化合物形成的作用，且能保护维生素 A。维生素 E 和硒有协同作用，并能共同保护心肌和骨骼肌，使犊牛不患白肌病。日粮添加 300 IU 的维生素 E 可以有效增加水牛公犊肌肉中维生素的含量，且肉的剪切力提高；在饲粮中补充 4.2 mg 维生素 E 和 4.2 mg 硒，对夏季乏情有所改善。

干奶期饲粮中添加维生素 E 1 000 IU/d，围产期饲粮中添加维生素 E 2 000～4 000 IU/d，泌乳期饲粮中添加维生素 E 500 IU/d。

幼龄动物缺乏维生素 E 主要症状为肌肉营养不良（白肌病）、皮下水肿。急性表现为心肌变性（突然死亡），亚急性表现为骨骼肌变性（运动障碍）。成年动物缺乏维生素 E 主要症状为公畜精细胞形成障碍，不育；母畜的乳腺炎发病率升高，受胎率下降，死胎、弱仔。

4. 维生素 K　维生素 K 也称抗凝血素。广泛地存在于多叶饲料中，如维生素 K_1（叶绿基甲萘醌）。瘤胃能合成足够的多异戊烯甲基萘醌（维生素 K_2）。维生素 K 存在于凝血酶中，与磷、钙代谢，谷氨酸代谢有关。维生素 K 缺乏会延长凝血时间，引起出血症。发霉的草木中含双香素，能破坏维生素 K，引起出血症。大量磺胺药会破坏消化道维生素 K 的合成。

（二）水溶性维生素

水溶性维生素包括 B 族维生素和维生素 C，这类维生素都溶于水。

1. B 族维生素　B 族维生素能在瘤胃中合成。犊牛一般在 6 周龄后，瘤胃内微生物发酵就可以形成足量的 B 族维生素。B 族维生素包括维生素 B_1（硫胺素）、核黄素、吡哆醇等，只要给牛喂以充分的蛋白质，为瘤胃微生物提供足够的氮素，一般不会缺乏。研究表明，在每头牛饲粮中补充烟酸 6 g/d，可提高水牛生产和繁殖性能。

2. 维生素 C 维生素 C 又称抗坏血酸。牛体组织有合成维生素 C 的能力，通常不发生坏血症。

七、槟榔江水牛公牛生长期营养物质需要量

槟榔江水牛公牛体重与营养需要量的关系见表 5-4。

表 5-4 槟榔江水牛公牛体重与营养需要量的关系

体重 (kg)	日增重 (kg)	增重净能 (MJ/kg)	蛋白质 (g/kg)	钙 (g/kg)	磷 (g/kg)
50	0.2	1.22	32.47	2.42	0.95
	0.4	2.44	64.95	4.83	1.90
	0.6	3.66	97.42	7.25	2.85
	0.8	4.89	129.90	9.67	3.80
	1.0	6.11	162.37	12.08	4.75
	1.2	7.33	194.84	14.50	5.70
	1.4	8.55	227.32	16.91	6.65
100	0.2	1.42	33.55	2.32	0.94
	0.4	2.83	67.10	4.65	1.89
	0.6	4.25	100.65	6.97	2.83
	0.8	5.66	134.20	9.29	3.78
	1.0	7.08	167.75	11.61	4.72
	1.2	8.49	201.30	13.94	5.67
	1.4	9.91	234.85	16.26	6.61
150	0.2	1.54	34.19	2.27	0.94
	0.4	3.09	68.39	4.54	1.88
	0.6	4.63	102.58	6.81	2.82
	0.8	6.17	136.78	9.08	3.77
	1.0	7.72	170.97	11.35	4.71
	1.2	9.26	205.17	13.62	5.65
	1.4	10.80	239.36	15.89	6.59

（续）

体重 (kg)	日增重 (kg)	增重净能 (MJ/kg)	蛋白质 (g/kg)	钙 (g/kg)	磷 (g/kg)
	0.2	1.64	34.66	2.23	0.94
	0.4	3.28	69.32	4.47	1.88
	0.6	4.92	103.98	6.70	2.82
200	0.8	6.56	138.64	8.93	3.76
	1.0	8.20	173.30	11.16	4.70
	1.2	9.84	207.96	13.40	5.64
	1.4	11.49	242.62	15.63	6.58
	0.2	1.72	35.03	2.20	0.94
	0.4	3.44	70.05	4.41	1.88
	0.6	5.16	105.08	6.61	2.81
250	0.8	6.88	140.10	8.82	3.75
	1.0	8.60	175.13	11.02	4.69
	1.2	10.32	210.16	13.23	5.63
	1.4	12.04	245.18	15.43	6.56
	0.2	1.79	35.33	2.18	0.94
	0.4	3.58	70.65	4.36	1.87
	0.6	5.37	105.98	6.55	2.81
300	0.8	7.16	141.31	8.73	3.75
	1.0	8.94	176.64	10.91	4.68
	1.2	10.73	211.96	13.09	5.62
	1.4	12.52	247.29	15.27	6.55
	0.2	1.85	35.58	2.16	0.94
	0.4	3.70	71.17	4.33	1.87
	0.6	5.55	106.75	6.49	2.81
350	0.8	7.39	142.34	8.65	3.74
	1.0	9.24	177.92	10.81	4.68
	1.2	11.09	213.50	12.98	5.61
	1.4	12.94	249.09	15.14	6.55
	0.2	1.90	35.81	2.15	0.93
	0.4	3.80	71.62	4.29	1.87
	0.6	5.71	107.42	6.44	2.80
400	0.8	7.61	143.23	8.59	3.74
	1.0	9.51	179.04	10.73	4.67
	1.2	11.41	214.85	12.88	5.60
	1.4	13.31	250.66	15.02	6.54

（续）

体重 （kg）	日增重 （kg）	增重净能 （MJ/kg）	蛋白质 （g/kg）	钙 （g/kg）	磷 （g/kg）
450	0.2	1.95	36.01	2.13	0.93
	0.4	3.90	72.01	4.26	1.87
	0.6	5.85	108.02	6.40	2.80
	0.8	7.80	144.03	8.53	3.73
	1.0	9.75	180.03	10.66	4.67
	1.2	11.70	216.04	12.79	5.60
	1.4	13.65	252.05	14.92	6.53
500	0.2	1.99	36.19	2.12	0.93
	0.4	3.99	72.37	4.24	1.86
	0.6	5.98	108.56	6.36	2.80
	0.8	7.98	144.74	8.48	3.73
	1.0	9.97	180.93	10.60	4.66
	1.2	11.97	217.11	12.72	5.59
	1.4	13.96	253.30	14.83	6.53
550	0.2	2.04	36.35	2.11	0.93
	0.4	4.07	72.70	4.22	1.86
	0.6	6.11	109.04	6.32	2.80
	0.8	8.14	145.39	8.43	3.73
	1.0	10.18	181.74	10.54	4.66
	1.2	12.21	218.09	12.65	5.59
	1.4	14.25	254.44	14.75	6.52
600	0.2	2.07	36.50	2.10	0.93
	0.4	4.15	72.99	4.19	1.86
	0.6	6.22	109.49	6.29	2.79
	0.8	8.29	145.99	8.39	3.72
	1.0	10.37	182.49	10.49	4.66
	1.2	12.44	218.98	12.58	5.59
	1.4	14.51	255.48	14.68	6.52

第二节　常用饲料与日粮

水牛因其瘤胃特有的微生物环境及反刍行为，使得水牛的饲料中粗饲料占60%～80%，而粗饲料中的纤维素含量达55%～95%，为反刍动物提供

60％～70％的能量，而不同粗饲料因其品质不同和同种粗饲料植物不同部位和收获时间、环境因素致使粗饲料在不同反刍动物的利用率不一致。饲料的数量、品质直接关系到水牛的生长发育、牛奶的产量与质量。因此，饲料的供给及配制必须满足水牛的生长、产奶和妊娠、繁殖需求，确保水牛健康与肉、奶产品质量。

粗饲料指干物质中粗纤维含量18％以上的饲料，包括青绿饲料、青贮饲料、干草和秸秆等。精饲料指干物质中粗纤维含量低于18％的饲料，包括玉米、糠麸等能量饲料，豆粕、菜籽饼等蛋白类饲料，尿素等非蛋白氮饲料，以及矿物质和维生素等饲料添加剂。根据水牛营养需求和粗饲料所能提供的各种营养物质的数量，设计配制的各种精饲料混合物或产品称为精料补充料，精料补充料中扣除能量饲料后的混合物称之为浓缩料。工农业副产品主要指豆腐渣、酒糟等糟渣类饲料。

一、粗饲料

粗饲料体积大、重量轻，粗纤维高，木质素高，能量浓度低，消化率低。钙、钾和微量元素比精料高，豆科牧草B族维生素含量丰富，且粗蛋白质含量差异很大，豆科干草含粗蛋白质10％～20％，禾本科干草6％～10％，而秸秆仅为3％～4％。粗饲料不仅提供动物养分，而且对水牛肌肉的生长和胃肠道活动也有促进作用，是水牛的主要基础饲料，在水牛日粮中占有较大的比重。

（一）粗饲料的主要种类及营养价值

充分利用当地饲草资源，是促进奶水牛产业健康持续发展的必然途径。"需要什么，种植什么"是未来水牛生产的必然趋势。甘蔗梢、稻草、皇竹草是当地较丰富的粗饲料资源。通过种植适合当地的云瑞21#、单红10#和雅玉9#等全株青贮玉米，特高、阿德纳、大老板、钻石T等品种的一年生黑麦草，冬牧70黑麦，以及WL525系列、三得利、盛世等品种的苜蓿，保证断奶犊牛、泌乳早期和高产奶水牛一年充足的优质粗饲料，以提高奶水牛生产性能和保证肉、奶产品质量。

1. 全株青贮玉米 全株青贮玉米指在玉米籽粒乳熟末期至蜡熟初期收获，包括果穗在内的鲜绿全株，经切碎发酵，用于草食牲畜的饲料。玉米籽粒重量约占全株总干物质重量的45%，其消化率可达到90%以上；茎叶部分占全株总干重约55%，消化率60%～70%。在管理条件相同的情况下，用全株玉米青贮料比去穗秸秆青贮饲喂奶水牛，消化率可提高12%，泌乳量增加10%～14%，乳脂率提高10%～15%。每头奶水牛一年可增产鲜奶500 kg以上，节省1/5的精饲料。奶水牛长期饲喂全株玉米青贮饲料还可使奶水牛发情期规律，排卵正常，配种准，产胎率提高，产犊间隔缩短；毛色光亮，体质良好，发病率降低，从而增加经济效益（图5-8）。

图5-8 青贮玉米

2. 一年生黑麦草 可刈割鲜饲或放牧，旺季可青贮或晒制成干草或加工成草粉饲喂。多花黑麦草适口性好，各种家畜均喜采食，抽穗期粗蛋白质含量12.57%、粗脂肪3.57%、粗纤维29.35%、无氮浸出物44.31%、粗灰分10.18%，刈割5茬合计干物质产量8.42～12.37 t/hm^2。早期收获叶量丰富，抽穗以后茎秆比重增加，抽穗初期茎叶比为 1∶（0.50～0.66）（图5-9）。

图5-9 一年生黑麦草

3. 苜蓿 苜蓿素有"牧草之王"之美誉，6月初返青，7月中旬进入盛花期。盛花期粗蛋白质含量22.4%、粗脂肪2.2%、粗纤维23.0%、无氮浸出物45.4%、粗灰分6.9%、钙0.63%。紫花苜蓿含有丰富的粗蛋白质、矿物质、多种维生素及胡萝卜素，含有皂苷、异黄酮类物质、多糖和其他多种未知的促生长因子，且适口性好、易消化。苜蓿对奶水牛的产奶量的提高，对奶水牛产科疾病与肠道疾病预防作用明显，可以延长奶水牛利用年限。在同等面积的土地上，紫花苜蓿的可消化总养分是禾本科牧草的2倍，维持可消化蛋白质是2.5倍，矿物质是6倍（图5-10）。

4. 甘蔗梢　甘蔗梢是对收获甘蔗时砍下的顶上 2～3 个嫩节和青绿色叶片的统称，俗称"甘蔗尾"，约占甘蔗全株重的 10%。甘蔗梢营养成分丰富，富含糖分、粗蛋白质，20 多种氨基酸，维生素 B_6、核黄素、硫胺素、烟酸、叶酸、泛酸等多种维生素。新鲜甘蔗梢含有约 70% 的水分，甘蔗梢风干物约含有 30% 的粗纤维、7% 的粗蛋白质、32% 的总糖分（包括蔗糖和还原糖）、7% 的有机酸，并含有一定数量的脂肪、淀粉和酶等。甘蔗梢喂牛，有促生长、增膘、泌乳量持续增长及保健等功效。每 667 m^2 产量一般 1 t 左右，是南方和西南地区甘蔗产区冬春枯草季节难能可贵的大宗青绿饲料，是当地丰富的饲料资源（图 5 - 11）。

图 5 - 10　苜　蓿　　　　　　　　　　　　　图 5 - 11　甘蔗梢

5. 稻草　稻草是我国主要的粮食作物水稻的副产物，约占全国年产秸秆总量的 2/5，是当地丰富的饲料资源。用优质稻草饲喂水牛不仅可以基本满足其维持能量需要，而且可以解决稻草焚烧造成污染的问题。稻草致密的细胞壁结构以及特有的嗜硅特性，使其粗纤维含量高、粗蛋白质含量低，矿物质和微量元素严重不足，直接饲喂效果差。对于普通稻草来说，一般植株的梢部比底部、叶比茎更易消化；水稻叶的粗蛋白质含量比茎高，无氮浸出物含量和干物质消化率比茎低。当籽实成熟时，植株底部还是青绿的时候，收割应留茬 3～5 cm，以便增加产量，提高消化率。

氨化、碱化、微贮均能提高稻草营养价值，其中尤以氨碱复合物处理最为明显；微生物处理也不失为好的处理方法，它成本低，效果明显，但改善幅度不如氨化处理，若能在菌种优化及简化操作上进一步研究，是较有前景的方法。

6. 象草　多年生禾本科植物，象草 4 月开始返青，10 月开始枯黄，生长期内可割 5～7 次。高温多雨地区，水肥充足，每隔 25～30 d 即可刈割一次。刈割时留茬 8～10 cm。一般每公顷鲜草产量 50～75 t，高者可达 150 t 左右。鲜嫩时刈割适口性较好，一般在株高 100～120 cm 时刈割。过迟刈割，茎秆粗硬，品质下降，适口性降低。象草茎叶比 1∶0.6，营养期营养成分为粗蛋白质 7.58%、粗脂肪 1.81%、粗纤维 34.62%、粗灰分 17.30%、无氮浸出物 38.69%。象草不仅产量高，且营养价值也较高。适时收割的象草，柔嫩多汁，适口性好，牛喜食。一般多用青饲，亦可青贮，晒制干草和粉碎成干草粉。一次种植后，能连续收割利用多年，5～6 年更新一次（图 5-12）。

图 5-12　象　草

7. 皇竹草　皇竹草是甜象草和狗尾草杂交生成，又称粮竹草、王草、皇竹、巨象草、甘蔗草，为多年生禾本科植物，1 次栽种可连续收获 7～10 次；直立丛生，植株高大，植株高达 4.5 m，茎粗约 3.5 cm，分蘖多、再生能力强、产量极高，可在田间地头种植。适应能力较强，管理简单方便，温度达 8 ℃时开始生长；抗病虫害能力强、耐旱性能好，在高温干旱季节，叶尖端有枯死现象，但在水肥得到充足供应时又能很快恢复生长，可在 1～1.2 m 高度时及时刈割直接饲喂或制作青贮饲喂水牛。皇竹草的粗蛋白质比象草高 9.3%～23.9%。粗蛋白质和无氮浸出物不仅在生长旺盛季节的含量高，在秋季依然较高，可以解决冬季青绿饲料供应不足的问题（图 5-13）。

图 5-13　皇竹草

8. 小黑麦　冬牧 70 黑麦在 1979 年由美国引进，具有种植范围广、抗性强、产量高、营养价值高等特点。可以利用冬闲田种植。幼苗期匍匐生长，春季起身后茎秆坚韧、不易倒伏，分蘖多，生长快，高 150～180 cm。冬春枯草季节可直接刈割饲喂牛或灌浆期收割可制作优质青贮或晒制优质干饲草饲喂。其氨基酸含量丰富，含多种微量元素，高蛋白质、高脂肪、高赖氨酸，赖氨酸含量是玉米、小麦的4～6倍。青刈期含粗蛋白质28.3%、粗脂肪6.8%，干草粗蛋白质含量高，平均为15%。

二、工农业副产品

糟渣类饲料是一类粗饲料，属食品和发酵工业及农业的副产品，常用的有啤酒糟、白酒糟、豆腐渣和银杏叶渣等，具有含水量高（70%～90%），体积大，易霉变，不耐贮存，适口性较好，价格低廉等特点。糟渣类可新鲜饲喂或脱水干燥作为水牛的饲料。单独使用得不到良好效果，而且饲喂后，奶水牛容易患消化障碍病和营养缺乏病，有时甚至中毒。同时，过多饲喂也会影响原料奶风味。因此，只有科学搭配，合理利用副产品饲料，才能做到节约精料用量，并收到较好的饲养效果。

1. 啤酒糟　鲜啤酒糟中含水分75%以上，过瘤胃蛋白质含量较高，并含有啤酒酵母。干糟中粗蛋白质为20%～25%，粗纤维含量高，可用于奶水牛日粮。鲜糟饲喂效果优于干糟，干糟的营养价值与麦麸相似，可代替部分蛋白质饲料。干糟的用量以不超过精料的30%为宜。鲜糟过量饲喂可导致奶水牛中毒，因此，每头牛的日饲喂量应控制在7～10 kg，泌乳牛最多不超过10～15 kg。由于奶水牛在泌乳初期营养常处于负平衡状态，因此，产后1个月内的泌乳牛应尽量不喂或少喂啤酒糟，否则会延迟生殖系统的恢复，对发情配种产生不利影响。

2. 白酒糟　干白酒糟中粗蛋白质含量一般为16%～25%，是育肥牛的好原料，每头牛的鲜糟日用量不超过10～15 kg。由于白酒糟中含有残留的酒精，一般不用来饲喂泌乳牛，对妊娠母牛不宜过多饲喂。另外，不宜把糟渣类饲料作为日粮的唯一粗料，应与秸秆饲料、青贮饲料、干草和优质青绿饲料搭配使用。长期使用白酒糟时应在日粮中补充维生素A，每天每头为10 000～100 000 IU。

3. 豆腐渣　豆制品厂的主要副产品，鲜渣含水多，含少量粗蛋白质和淀粉，缺乏维生素，适口性较好，消化率高。豆腐渣易酸败，适合鲜喂，与青饲料搭配饲喂可取得较好的效果。新鲜的豆腐渣水分含量为82%，干物质含粗蛋白质17.84%、粗纤维9.6%、粗脂肪5.9%、黄酮0.22%，高钾低钠，且钙、镁含量较高，并含有一定量的铁、锌、铬、铜等微量元素。但豆腐渣在水磨加工过程中，由于 B 族维生素损失较多，不宜久存，易酸败变质，不能喂冰冻渣。生豆腐渣中含有抗胰蛋白酶、皂角素、红细胞凝集素等有害物质，每头牛的日饲喂量控制在 2.5～5.0 kg 为宜。如果用大量生豆腐渣喂牛，轻者导致母牛营养不良、食欲减退、腹泻，重者导致母牛不孕、流产、死胎，犊牛不易成活。

4. 银杏叶提取物残渣　银杏叶营养成分十分丰富，尤其是粗蛋白质在 12%～16%，糖和维生素的含量较高。作为水牛的粗饲料使用，每头牛的日用量应控制在 5 kg。

三、精饲料

精饲料包括能量饲料和蛋白质饲料。

(一) 能量饲料

粗纤维含量小于 18%、粗蛋白质含量小于 20%，每千克饲料干物质代谢能 10.5 MJ 以上的饲料原料称为能量饲料，是家畜能量的主要来源，主要包括玉米、大麦、小麦、黑麦和稻谷等谷实类饲料，以及麦麸、米糠等加工副产品和块根块茎、棉籽、油脂、糖蜜等饲料。

1. 谷实类饲料　干物质中粗蛋白质含量 8%～13%，粗脂肪含量 2%，粗纤维含量小于 5%，仅带颖壳的大麦、燕麦、水稻和粟可达 10% 左右，无氮浸出物为 70%～80%。谷实蛋白质的品质较差，因其中的赖氨酸、蛋氨酸、色氨酸等含量较少；其所含灰分中，钙少磷多，但磷多以植酸盐形式存在；谷实中维生素 E、B 族维生素较丰富，但维生素 C、维生素 D 贫乏；适口性好，消化率高。

2. 麦麸、米糠等加工副产品　谷实经加工后形成的一些副产品，即为糠麸类，包括米糠、小麦麸、大麦麸、玉米糠、谷糠等。糠麸主要由种皮、外胚乳、糊粉层、胚芽等组成。与原粮相比，糠麸中粗蛋白质、粗纤维、B 族维生素、矿物质等含量较高。干物质中粗蛋白质含量 12%～15%、粗脂肪含量 12%～14%、粗纤维含量 9%～14%，钙、磷比不平衡，磷含量达 1%，无氮浸出物含量低，是一类有效能较低的饲料。另外，糠麸结构疏松、体积大、容重小、吸水膨胀性强，对动物有一定的轻泻作用。

3. 块根块茎　含水较高，达 75%～90%，干物质中淀粉和糖类含量高，粗蛋白质和粗纤维低，不含木质素，适口性好，是犊牛和泌乳牛的常用饲料。在使用时注意其抗营养因子和有毒有害物质。例如，甘薯中含有胰蛋白酶抑制因子，未成熟、发芽或腐烂的马铃薯中含有大量的龙葵素，木薯中含有氢氰酸等，在饲喂时应控制使用量。

胡萝卜富含糖类、脂肪、挥发油、胡萝卜素、维生素 A、维生素 B_1、维生素 B_2、花青素、钙、铁等营养成分，粗蛋白质 0.6%、粗脂肪 0.3%、糖类 7.6%～8.3%、铁 6 mg/kg、维生素 A 原（胡萝卜素）13.5～172.5 mg/kg，另含果胶、淀粉、无机盐和多种氨基酸。

在枯草季或舍饲情形下，孕牛每天饲喂 1 kg 胡萝卜，犊牛每天饲喂 0.5 kg胡萝卜。为防止牛腹泻，可将胡萝卜煮熟后稍微加食用油进行饲喂，加食用油可促进维生素 A 吸收。但必须注意：胡萝卜最好切碎后饲喂，否则容易引起奶水牛肠道梗死。如果用胡萝卜下脚料喂奶水牛，应保证其质量，夏季不能喂霉变的胡萝卜，冬季不能喂冰冻的胡萝卜。新鲜的胡萝卜茎叶含水多、体积大，单位体积的能量浓度很低，所以不能单独作为奶水牛的能量饲料。

4. 棉籽、油脂、糖蜜等高能量饲料　棉籽干物质中粗蛋白质含量 24%、粗纤维含量 21.4%、磷 0.76%，棉籽中含有害成分，不可大量饲喂水牛。油脂和糖蜜在日粮中的添加量分别为 2%～4%和小于 15%。

（二）蛋白质饲料

蛋白质含量在 20%以上，粗纤维含量低于 18%的饲料原料即蛋白质饲料。在配合日粮中占 10%～20%，主要有豆饼粕、菜籽饼粕、棉籽饼粕、花生饼粕和葵花子饼粕。

1. 菜籽饼粕　对牛适口性差，长期大量使用可引起甲状腺肿大。牛精料中使用 5%～10%。

2. 棉籽饼粕　奶水牛饲料中适当添加棉籽饼粕可提高乳脂率，若用量超过精料的 50%则影响适口性，同时降低乳品质量。棉籽饼粕属便秘性饲料原料，须搭配芝麻饼粕等软便性饲料原料使用，一般用量以精料中占 20%～35%为宜。喂幼牛时，以低于精料的 20%为宜，且须搭配含胡萝卜素高的优质粗饲料。

3. 非蛋白氮　是指非蛋白质结构的含氮化合物，它包括游离氨基酸及其他蛋白质降解的含氮产物以及氨、尿素、铵盐等简单含氮化合物。它们是粗蛋白质中扣除真蛋白质以外的成分。瘤胃微生物可将非蛋白氮分解成氨，合成菌体蛋白，菌体蛋白再被真胃和小肠分解成氨基酸而吸收利用。

（1）非蛋白氮种类　尿素及其衍生物类，如缩二脲、氨态氮类，如液氨、氨水等；铵类，如硫酸铵、氯化铵、乳酸铵等；肽类及其衍生物，如氨基酸、酰胺、胺等；动物粪便及其他废弃物。

（2）利用方式　处理粗饲料；生产各种补充料或营养性添加物。

（3）合理利用的措施　应用最多的是尿素，商品尿素一般含氮45％，可作为水牛蛋白质补充料，提供水牛瘤胃微生物合成蛋白质所需的氮源。1 kg尿素相当于2.8 kg的粗蛋白质（0.45×6.25 kg），或者相当于7 kg豆饼中所含的粗蛋白质；使用保护剂处理尿素，降低尿素分解速度；利用金属离子抑制脲酶活性；充分供应足够的可溶性碳水化合物；日粮中补充硫和钴，氮、硫比以15：1为宜。

（4）尿素用量　饲喂对象为6月龄以上的水牛，用量不能超过饲粮总氮量的1/3，或占精料补充料干物质的1％；每100 kg活重20～30 g。

（5）正确使用方法　不能加入水中；制成蛋白精料；制成尿素舔砖，每日舔食量100～200 g；尿素青贮，过渡期5～7 d。

（6）注意事项　使用尿素喂牛时，量不宜太多，多则易引起中毒；不能与生大豆、南瓜等含有大量尿素酶的饲料一起饲喂水牛，以免引起中毒。如果一旦发现中毒，可及时灌服1.5～2.5 L醋，或用2％的醋酸溶液1.5～2.0 L灌服。由于尿素中含有氮，缺乏能量、矿物质及维生素，所以在使用尿素的同时，应喂给一定量的淀粉、矿物质及维生素，以便提高尿素氮的利用率。

（三）饲料添加剂

饲料添加剂分为营养性和非营养性添加剂，营养性添加剂有维生素、微量元素和氨基酸等；非营养性添加剂有生长促进剂、驱虫保健剂、防霉剂等。饲料添加剂与基础日粮混合后饲喂，主要功能是预防营养缺乏症，提高水牛的生长速度和生长效率。

第三节　不同类型饲料的合理加工与利用方法

一、粗饲料

（一）青贮饲料

甘蔗梢、全株青贮玉米和青绿玉米秸秆、皇竹草和象草最为有效的利用方式是制作青贮饲料，既可最大限度地保存营养物质，又可保证水牛全年饲草的均衡供应。玉米秸秆的青绿度与其营养价值密切相关。玉米收获后，秸秆逐渐变黄变枯，糖分含量随之下降，消化率直线下降。如果玉米秸秆绿色叶片少于2片，水分含量低于65%就不适合制作青贮。收获甜脆玉米后的玉米秆全绿，是制作青贮的优质原料。全株青贮玉米一般在乳熟末期至蜡熟前期，籽粒乳线处于2/3～3/4，含水量在70%左右时最佳。

常规青贮生产基本流程：鲜样（含水量65%～75%）→切短至2 cm→调质→装入容器→压实→密封厌氧发酵→开封并质量鉴定→饲喂。

（二）干草的制备

青草适时刈割后经一定干燥方法制成的干草，是水牛最基本、最主要的饲料，也是水牛必备的储备饲料，以调节青饲料供给的季节性淡旺，缓冲枯草季节青饲料的不足。将干草饲喂水牛，可增加干物质和粗纤维采食量，从而保证产奶量和乳脂率。干草可直接饲喂水牛，也可铡短、粉碎饲喂，为避免挑食和剩料，可与精料混合饲喂。

（三）秸秆的加工及利用

稻草、玉米秸秆、干枯的甘蔗叶和梢等秸秆粗蛋白质含量只有3%～6%，消化率只有40%～55%，利用效率很低。可通过物理处理、微生物发酵处理和化学处理提高秸秆的消化率、粗蛋白质含量和采食量，从而提高水牛的生产性能。

二、谷物、菜籽和豆类饲料

谷物、菜籽和豆类饲料的营养价值和消化率一般都比较高，但种皮、硬壳和内部淀粉的结构都会影响动物对其营养成分的消化吸收和利用。这类饲料在饲喂动物前经粉碎、蒸汽压片和膨化等加工调制，可消除油菜籽实类、大豆等原料中存在的皂苷、棉酚、胰蛋白酶抑制因子等抗营养因子和有毒有害物质，提高谷实类饲料的淀粉糊化度，大大提高饲料的适口性和消化吸收率。

第四节　水牛日粮配制与典型日粮配方

一、配制原则

应参考水牛营养需要和饲料营养成分，充分利用当地饲料资源，结合实际科学设计日粮配方。日粮配制应精、粗料比例合理，营养全面，能够满足水牛的营养需要，同时避免饲料的霉变情况发生。

二、日粮配制应注意的问题

（1）优先保证优质粗饲料的供给　日粮中应确保有稳定的青贮饲料供应，产奶水牛以日均 25 kg 为宜；每天须采食 5 kg 以上的干草，10 kg 的青绿饲料，提倡多种搭配。饲喂优质粗饲料可以大幅度减少精饲料的喂量，提高牛奶质量，防止瘤胃酸中毒等，同时也会降低单位牛奶产量的饲养成本。

（2）精、粗饲料搭配合理，营养平衡　日粮配合比例一般为粗饲料占 80%～90%，精饲料占 10%～20%，矿物质类饲料占 3%～4%，维生素及微量元素添加剂占 1%，钙、磷比为（1.5～2.0）∶1。精饲料在日粮中的比例视粗饲料质量和水牛的生产性能而定。

（3）全混合日粮（TMR）　根据奶水牛营养需要，把粗饲料、精饲料、多汁饲料等所有饲料按合理的比例混合，搅拌均匀后再饲喂的饲料称之为全混合日粮。饲喂全混日粮可以有效防止奶水牛挑食，改善瘤胃环境，提高饲料利用效率和牛奶质量。

（4）饲料添加原则　遵循先干后湿、先轻后重的原则。添加顺序为先干草，然后是青贮饲料，最后是精料和糟渣类。

三、精饲料的补充原则

（1）水牛仅依靠粗饲料一般难以满足其营养需要，必须补充一定数量的精饲料。适量补充矿物质对所有水牛来说是必要的。如果青绿饲料不足，舍饲又无青干草时，补充维生素也非常必要，特别是维生素 A、维生素 D 和维生素 E。

对于繁殖母牛补充矿物质和维生素尤其重要。

（2）目前奶水牛饲料蛋白质普遍偏低，适量补充尿素既经济，效果也好。尿素的补充可以加入精饲料中，也可配制成尿素溶液喷洒在粗饲料上再饲喂。对于生长后备牛和泌乳牛，可以视其饲料蛋白质含量的高低，每头每天补饲50～100 g尿素。尿素的添加要循序渐进，每天逐渐增加用量，1周后达到要求添加的数量；其次是少量多次，每天分3次加入精料中投喂，或者将尿素溶液洒在粗饲料上。将尿素、糖蜜、矿物质和维生素混合在一起制作成糖蜜尿素营养舔砖，或液体舔剂；或者将尿素与玉米面、木薯粉、芭蕉芋混合后糊化，制作成糊化淀粉尿素是利用尿素的很好形式，安全有效。

（3）对于哺乳犊牛，因粗饲料不利于瘤胃发育，故要以补饲富含淀粉的精料补充料为主，以刺激瘤胃的发育；犊牛断奶后要补饲富含蛋白质的精料补充料和优质粗饲料，以保证犊牛的营养需要。

（4）以采食甘蔗梢、玉米秸秆青贮、稻草为主的生长后备牛、妊娠后期母牛，每天应补饲1～2 kg的能量和蛋白质饲料；对于泌乳母牛，精饲料的饲喂量要根据泌乳期、产奶量、体况、膘情来调整，原则上每产3 kg奶要增加1 kg精饲料。如果饲喂充足的全株玉米青贮、黑麦草等优质粗饲料，精饲料的喂量可以减少。对于生长后备牛、妊娠后期母牛，每天补饲0.5 kg左右的浓缩料或优质糖蜜尿素舔砖、舔剂即可满足需求。

四、全年的饲料需要量

为确保奶水牛饲料常年均衡供应，尽可能采用适合本地区的经济、高效的平衡日粮。根据各阶段奶水牛的饲料需要量，制定全年饲料生产、储备和供应计划。各阶段奶水牛年均主要饲料需要量为：

（1）精饲料　成年牛920～1 100 kg、青年牛730～920 kg、育成牛550～730 kg、犊牛180～270 kg，犊牛断奶前约需300 kg牛奶。

（2）粗饲料　成年牛12 700～14 600 kg、青年牛10 950～12 700 kg、育成牛9 100～10 950 kg、犊牛1 000～1 500 kg。

五、日粮配制方法与典型日粮配方

（一）日粮配制方法

在配制水牛日粮配方时，首先要了解水牛的体重、采食量和日增重，然后参照营养需要量,利用当地饲料资源,合理搭配,通过饲料营养成分价值表查得所用饲料的营养成分含量,采用对角线法和试差法计算所用饲料的营养成分含量,或用专门的配方软件进行日粮配合。

水牛日粮组成通常玉米为 50%~60%,麦麸 15%~20%,豆粕 10%~15%,菜籽粕 10%~15%,石粉 1%~2%,磷酸氢钙 1%~2%,小苏打1.5%~2%,预混料 1%~3%,盐 1%~1.5%。

(二)典型日粮配方

1. 犊牛精料的参考配方

(1)玉米 50%、麸皮 15%、豆饼 15%、花生饼 5%、棉籽饼 5%、菜籽饼3%、饲用酵母粉 3%、磷酸氢钙 1%、碳酸钙 1%、食盐 1%、预混料 1%。

(2)玉米面 60%、麸皮 13%、豆饼 20%、干草粉 4%、磷酸氢钙 1.2%、食盐 0.8%、微量元素盐 1%。

2. 生长牛日粮配方 配制体重为 300 kg,日增重达 800 g 的生长水牛精料,日粮精粗比为 3∶7,精料喂量 1.5~2.5 kg,干稻草自由采食,青绿饲料5 kg,全株青贮玉米 10 kg;干奶水牛同生长牛相当。精料原料组成:玉米、麦麸、豆粕、菜籽粕、石粉、磷酸氢钙、小苏打、预混料和盐(表 5-5)。

表 5-5 生长牛日粮配方

饲料名称	所占比例 (%)	产奶净能 (MJ/kg)	增重净能 (MJ/kg)	粗蛋白质 (%)	粗纤维 (%)	钙 (%)	磷 (%)
玉米	55.70	4.99	3.19	4.82	1.22	0.27	0.20
麦麸	18.00	1.30	0.65	2.45	1.56	0.03	0.13
豆粕	6.00	0.97	0.58	4.20	0.63	0.04	0.06
菜籽粕	15.00	1.31	0.87	6.89	1.97	0.13	0.18
石粉	0.80					0.45	0.00
磷酸氢钙	1.50					0.33	0.13
小苏打	1.00						
预混料	1.00						
盐	1.00						
合计	100.00	8.57	5.29	18.36	5.38	1.25	0.70

3. 泌乳牛日粮配方 日粮精粗比为 3∶7,精料喂量 3~4 kg(根据产奶量),全株青贮玉米 20~25 kg,干稻草自由采食(摄入量 4~5 kg),10 kg 青

绿饲料。精料原料组成：玉米、麦麸、豆粕、菜籽粕、石粉、磷酸氢钙、小苏打、预混料和盐（表5-6）。

表5-6 泌乳牛日粮配方

饲料名称	所占比例（%）	产奶净能（MJ/kg）	粗蛋白质（%）	粗纤维（%）	钙（%）	磷（%）
玉米	55.70	5.24	5.07	1.28	0.28	0.21
麦麸	18.00	1.56	2.93	1.87	0.04	0.16
豆粕	6.00	0.58	2.52	0.38	0.02	0.03
菜籽粕	15.00	1.16	6.08	1.74	0.12	0.15
石粉	0.80				0.45	0.00
磷酸氢钙	1.50				0.33	0.13
小苏打	1.00					
预混料	1.00					
盐	1.00					
合计	100.00	8.54	16.60	5.27	1.24	0.68

注：饲喂母牛时菜籽粕必须降到10%以下，不足部分用豆粕代替。

第六章
槟榔江水牛的饲养管理

    槟榔江水牛一个生产周期包括妊娠期、泌乳期和干奶期 3 个阶段，而妊娠期往往与泌乳期和干奶期重叠在一起，平均泌乳天数 280 d，产犊间隔 430 d（图 6-1），生产上要针对不同阶段进行科学饲养管理。

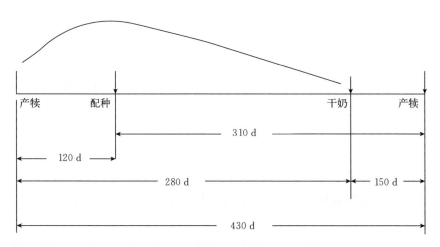

图 6-1　槟榔江水牛生长周期

第一节　能繁母牛的饲养管理

一、妊娠母牛的饲养管理

（一）妊娠母牛的消化机能特点

妊娠母牛机体发生一系列的变化，内分泌活动加强，消化液增多，饲料转

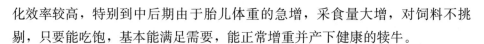
化效率较高，特别到中后期由于胎儿体重的急增，采食量大增，对饲料不挑剔，只要能吃饱，基本能满足需要，能正常增重并产下健康的犊牛。

（二）妊娠期母牛的饲养

妊娠开始至 3 个月为妊娠前期，是胎儿器官形成期，胎儿很小，要保持营养质量，按照泌乳或空怀母牛营养水平饲养，充分给予青粗饲料，将精料用量减少到最低限度，但日粮各种营养物质要平衡，并应补充维生素和微量元素，尤其是钙、磷，以免引起早期死胎或流产。

妊娠 4～8 个月为妊娠中期。胎儿发育快，体重明显增大，母牛有妊娠应激反应，新陈代谢旺盛。对饲料利用率高，蛋白质合成能力强。此时，应给予优质的青、粗饲料为主，注意补充维生素和矿物质。

妊娠 9 个月至产犊为妊娠后期。母牛和胎儿增重大，此阶段是获得健壮体大的初生牛犊和良好泌乳机能的时期，应增加精料量，保证日粮各营养物质的均衡。

（三）妊娠母牛的管理

（1）避免剧烈驱打，防止惊吓牛群和挤压；出入牛舍动作要慢，防止滑倒或急转弯，以免发生流产。

（2）成母牛妊娠中后期，乳腺高度发育，为促进乳腺发育和提高产奶量，在妊娠后 5～6 个月开始，每天用温水清洗和按摩乳房 1～2 次，每次 5～10 min，至产前半个月停止。

（3）每天加强刷拭、淋浴，注意乳房和乳头的卫生，保持清洁干净，防止撞伤。

（4）保证饲料质量新鲜、无霉烂、变质，禁饮脏水。干奶期间应减少精料量、饮水，使之停奶。

二、围产期母牛的饲养管理

围产期母牛指母牛分娩前后 15 d，共 1 个月的时间。包括临产、分娩和泌乳 3 个阶段，即围产前期、中期和后期。围产期母牛由于激素等内分泌的变化，致使分娩前后的母牛采食量减少、瘤胃容积及吸收能力降低和体内钙减少，从而直接影响母水牛的消化机能和健康状况。

（一）围产前期母牛的饲养管理

这段时期是牛干奶后期，胎儿发育加快，母牛为分娩和泌乳做好准备，要保持良好的膘情，不能过肥，但要保持营养充足，以优质青绿饲料为主，适当补充精料、维生素和矿物质。

（二）围产中期母牛的饲养管理

母牛的正常分娩分为 3 个阶段，子宫颈开张、胎儿的分娩和胎衣排出。

1. 母牛临产前的观察护理　产前 2～3 d，乳房肿胀、皮肤平展、褶皱消失、发红，内充满乳汁。如能挤出初乳时，分娩多在 1～2 d 发生。有的经产牛漏奶，一般数小时至 1 d 即可分娩。食欲减少或废绝，精神异常，站立不安，后肢频繁踏动，排尿、排粪次数增多，粪便稀软，每次量少。若回首望腹、举尾、起卧不安，一般数小时内即可分娩。外阴部肿大、潮红松弛，褶皱消失，黏液增多，阴门开张，产前 1～2 d 多流出溶解的子宫栓，即所谓的"吊线"现象，起初浓稠，弹性大，若黏液逐渐变成清稀透明且量大，则分娩多在数小时内发生。分娩前 1～2 d，尾根与荐坐韧带间有明显的凹陷，若下陷约 3 cm，则可能 24 h 内分娩。体温大约下降 0.5 ℃，说明很快就要产犊，需做好接产准备。

2. 母牛生产及助产

（1）生产　犊牛的分娩期，胎儿进入生殖道，母牛开始努责，羊膜破裂，犊牛产出。当母牛脱群找僻静处卧下，腹部每 2～3 min 紧张一次，羊膜可见，一般持续 0.5～4 h。胎衣排出期，母牛间歇性努责紧张，胎衣有时不可见，正常少于 8 h。

当妊娠母牛出现举尾、拱腰、努责超 1 h，仍无进展，即不可见尿囊膜，羊囊膜破裂；尿囊膜破后 2 h，若羊膜囊依旧未破或虽破而 1 h 未见露蹄；露蹄呈单蹄、多蹄或蹄底朝母牛背部；子宫颈的扩张持续超过 4～6 h；积极生产 1 h 无进展；羊膜囊可见持续超过 1 h 时，则要进行助产。

（2）助产　助产不宜过早，否则往往因产道未充分开张容易造成产道、阴门及子宫颈口的损伤，甚至母牛和胎儿的死亡；牵引时应交替牵引两前肢或两后肢，以减少肩端或关节的宽度，不可同时用力拉紧两根助产绳或助产链；胎儿牵引困难时，先将两前肢送回产道内，再拉头，当头娩出后再拉两前肢，两前肢可利用产道和胎颈间的空隙顺利拉出；牵引要与母牛阵缩与努责相结合，用力缓和，不能强拉；确定胎儿太大或其他原因使胎儿不能从产道拉出时，可考虑截胎术或剖腹术。

（3）正向分娩法则　母牛最好右侧卧，固定产科链时，将一个圈套器或链条用两个半活扣固定在犊牛腿上。一个扣应位于球关节以上，在其下面的另一个扣应位于趾关节上。

助产分娩时，先拉犊牛下肢直到肩膀到达母牛骨盆（球关节超过阴门 10.16～15.24 cm），再拉犊牛上肢直到肩膀通过母牛骨盆，如果两个步骤都可成功，则分娩通常可以进行。当犊牛的头和两前肢通过阴门后，交叉两前肢牵拉，使犊牛旋转 90°，有利于犊牛产出和减少母牛的损伤。

（4）反向分娩法则（倒生）　母牛最好右侧卧，产科链的固定跟前肢一样。助产分娩时，旋转犊牛使其臀部与母牛臀部垂直，两人向外拉（略微向上拉出）直到犊牛后跺到达母牛阴门，当犊牛臀部超出母牛骨盆，将犊牛旋转回 90°，略微向下拉出，使犊牛迅速分娩。

（5）子宫扭转的处理措施　临产时的子宫扭转，母牛通常会表现正常分娩征兆，卧地或频繁起卧，长时间努责并伴有疼痛表现，而不见尿膜囊和羊膜囊露出。通过产道检查可感知阴道壁呈螺旋状的皱褶，确诊后判断其扭转方向是顺时针还是逆时针。

对于扭转角度较小且胎儿个体不大者，可先试图用翻转胎儿方法矫正，即手握紧胎儿两腿，左右晃动并突然向子宫扭转的反方向用力翻转。扭转程度轻微的，可成功将其矫正。或采用翻转母牛的办法。以顺时针扭转为例，3～5人协作可用单绳法使母牛右侧卧地，分别保定其前后肢，在其左侧最后肋和髋结节之间的腹部放置一长木板，木板长 2～2.5 m，宽约 25 cm，一人坐或跪于木板上压紧胎儿，尽量使其相对固定，同时缓缓顺时针翻转母牛至其左侧卧，随即检查产道矫正与否。矫正不成功者，则重新矫正一次，一般不超过 2～3次，即可矫正。逆时针扭转者处理措施则相反。

3. 母牛分娩后的护理　母牛产后立即喂给足量的麸皮温盐水和红糖水，母牛产后 1～3 d 应以适口性好易消化的青、干草为主，辅以优质精料和少量多汁料、青贮料等，日粮中蛋白质含量以 18% 为宜。每天增料 0.5 kg。冬天分娩后 1～5 d 应给予温水，注意防寒保暖，一般到产后 7 d 可按泌乳水牛增料促乳方式饲养。第一次挤奶应在产后 1 h 内进行。产犊后 1～3 d，不要一次挤完奶，分次挤奶，以后逐渐增加，至第 4 天才可以挤完奶，并加强乳房的热敷和按摩。

（三）围产后期奶水牛饲养管理

从分娩到产后 15 d，体质较弱，消化机能和生殖器官正在恢复，而乳腺机能逐步发育，应加强调整母牛饲养，使母牛体质恢复，发挥泌乳能力。这段时间母牛泌乳量上升，营养需要量日益增加，要保证充足优质粗饲料，同时补充矿物质、维生素和蛋白质饲料，促使泌乳机能正常生产。

三、泌乳母牛的饲养管理

根据泌乳牛的特点和规律，泌乳期可分为泌乳初期（分娩至 15 d）、泌乳盛期（15～80 d）、泌乳中期（80～250 d）及泌乳末期（干奶前 1 个月）4 个阶段。按一个泌乳期内 1～10 个泌乳月泌乳量统计，第 2 个泌乳月泌乳量最高，作为 100％，此阶段应加强饲养管理，增加精料补喂量，以延长产乳高峰期。一般第 1 个泌乳月比最高月产量低 10％左右；第 10 个泌乳月则低 50％左右；第 3～9 个月的泌乳量逐月减 5％～8％，泌乳规律形成偏抛物线（图 6 - 2 至图 6 - 4）。

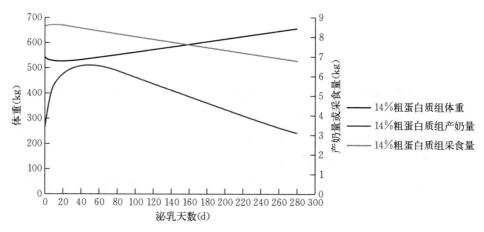

图 6 - 2　14％粗蛋白质水平组试验牛泌乳期内产奶量、采食量及体重的变化趋势

为了达到最大采食量，饲喂技术上可采用非限制饲喂，青粗饲料可放在运动场内让其自由采食。另外最好采取分群的办法，将高产水牛、低产水牛及干

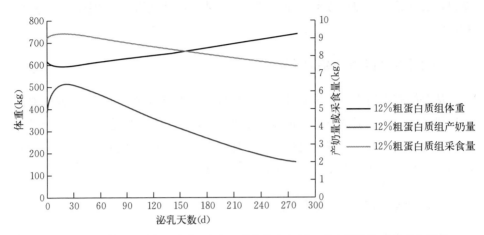

图 6-3　12%粗蛋白质水平组试验牛泌乳期内产奶量、采食量及体重的变化趋势

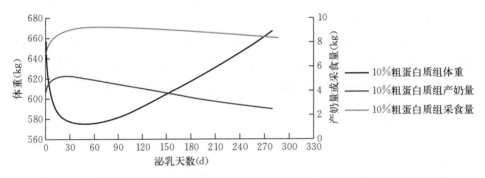

图 6-4　10%粗蛋白质水平组试验牛泌乳期内产奶量、采食量及体重的变化趋势

奶水牛分开饲养，进行分别对待，以避免出现高产水牛营养不足，而低产水牛由于营养过剩，沉积脂肪。每天定时挤奶两次，喂足优质青绿饲料。对日产奶在 5 kg 以下的低产水牛，每天只需定时挤奶一次。

槟榔江水牛整个泌乳期内其泌乳量、体重和采食量的关系，与荷斯坦牛相似，但峰值高低及高峰出现的时间有一定差异，总体表现为泌乳高峰、采食高峰及体重低谷出现的时间较早，且高峰奶量、高峰采食量和体重减少的值都低于荷斯坦牛。

（一）泌乳初期（恢复期）饲养

研究表明，泌乳初期（分娩至产后 15 d），相同能量下，14%、12% 和 10%粗蛋白质水平日粮试验牛的干物质采食量占体重的比例分别为 1.73%、

1.60%和1.11%，该阶段的奶水牛刚刚分娩，机体较弱，食欲还没有恢复，但同时产奶量升高，对营养的需要量高，高的营养需求和低的采食量会使奶水牛出现营养负平衡，影响到奶水牛机体的恢复和产奶性能的发挥，因此该时期应以奶水牛的健康恢复，提高采食量为主，饲料粗蛋白质水平以14%为宜，以满足奶水牛逐渐升高的泌乳量的营养需求，为泌乳盛期的到来奠定良好的基础。母牛因产犊，体力消耗很大，体质较弱，食欲差，消化力弱，吃得少，支出得多，并且容易发生各种代谢疾病，因此，泌乳期的奶水牛最难饲养，饲养上主要克服食欲差的问题，泌乳期奶水牛应喂最优质的饲料，粗饲料少给勤添，并尽可能采用不同类型的饲料组成日粮以刺激食欲。

(二) 泌乳盛期饲养

母牛产犊15 d后，体质逐渐恢复，乳腺活动日益旺盛，随之进入泌乳高峰期。由于泌乳量不断上升，体内蓄积的各种养分不断消耗，体重有所下降。因此，该阶段的关键是防止体重过度下降。这一阶段泌乳能力的发挥对饲养管理水平的高低反应最敏感，该阶段是发挥精料补充料增奶优势的最好时期。因此，应及时根据产奶量及体重的变化调整精料给量，要注意饲喂高能量，能满足蛋白质需要的日粮，必须使奶水牛尽量多采食干物质。日喂青绿料、青贮料、糟渣类、稻草等青粗饲料45～50 kg；补喂精料2.5～3 kg，在此基础上可按每增产鲜乳3 kg加喂精料1 kg。随后视产奶量的减少而逐渐降低精料补喂量。饲喂上应采取先粗后精，多种搭配，少喂勤添和区别对待的饲喂方法。如果能够采用全混合日粮（TMR）饲喂奶水牛，效果更好。

(三) 泌乳中期饲养

此阶段产奶量已开始缓慢下降，每月下降的奶量比例为5%～7%。虽然这是泌乳的一般规律，但全价日粮的饲养，充足的运动和饮水，正确挤奶，加强乳房按摩以及精细的管理，可以延缓泌乳量下降。千万不要在高峰月后就大量减料，而是逐步减料，这是获得高产稳产的重要措施。此阶段以后，精料的增奶效果因受母牛泌乳规律的影响而不很明显，加之产奶量已经较低，因此，可以少喂精料，多给青绿多汁饲料。日粮粗蛋白质12%～13%即可，不可低于12%，否则产奶量下降、泌乳持续性差、泌乳曲线下降较快。此阶段主要喂以能量丰富的饲料，要求干物质采食量应达体重的2.5%左右，精粗比可从

3∶7逐渐下降到2∶8。

（四）泌乳末期饲养

指干奶前一个月。这阶段的特点是母牛妊娠后期胎儿生长发育很快，母牛消耗大量的营养物质以供胎儿需要。乳产量急剧下降，产奶量仅占全期产奶量的约23%。因此这阶段要主要做好干奶工作，以免影响母牛健康。此阶段母牛利用代谢能增重的效率很高，是增加母牛体重的最好时期，对于高产奶水牛此时适当增加体膘是必要的。

此阶段应按母水牛的体况和实际产奶的变化进行合理饲养，每1~2周调整一次精料的喂量。由于泌乳母牛将多余的营养物质转为体重的效率很高，产奶量变化又很大，技术人员易疏忽造成饲养过度，引起母牛过肥。研究表明，泌乳期的饲料转换率为74%，而干奶期仅为58.7%，所以早期泌乳消耗的能量（或体重）如能在泌乳后期加以补偿很合算，其效率为61.6%，若等到干奶期才补偿其效率会低很多，仅为48.3%。也正是这个道理，如果是产奶后期又是妊娠后期，及时补充营养是非常经济的。

（五）干奶期的饲养

在母牛预产期到来的2个月前必须干奶；日产奶在3 kg以下的低产水牛也应该干奶。将欲停奶的奶水牛在最后一次挤净奶后，用干奶药物一次注入乳头进行封闭，以后不再挤奶，同时减少青绿饲料的喂量，减少饮水。对患有乳腺炎的奶水牛在治好后方可干奶。

母牛经历干奶期是母牛体质恢复，胎儿充分发育，母牛乳腺细胞休息整顿及为下个泌乳期囤积体膘的需要。干奶期的长短依母牛体况及饲料条件而异，一般初产、体弱及饲料条件较差时，干奶期应适当延长（60~80 d），相反可缩短（40~60 d）。

中产水平以下的奶水牛，采用快速干奶法，即从干奶之日起在7 d内使牛泌乳停止。其方法是，从干奶的第1天开始，适当减少精料，停喂青绿、多汁饲料，控制饮水，加强运动，减少挤奶次数并打乱挤奶时间，当产奶量下降至2~3 kg时可完全停止挤奶，由于母牛生活规律突然变化，产奶量急剧下降，这样一般4~7 d内可以干奶。

干奶水牛的营养需要，在体重相同的情况下，与日产奶7.5 kg的泌乳水牛相比，粗蛋白质只需其50%，能量、钙、磷只需其50%～60%，干奶期的饲料以粗料为主，如母牛体况较好、粗饲料质量优良，可不喂或少喂精饲料。

第二节　犊牛的培育和饲养管理

从出生至6月龄的牛为犊牛。犊牛又可分为哺乳犊牛（出生至3月龄）和断奶犊牛（3～6月龄）。犊牛是牛场的未来，是牛场今后的发展基础。培育好犊牛可以确保后备牛的生长发育、及时配种产犊以及未来母牛泌乳潜力的发挥，是及时替换产奶量低的母牛、加快育种进展、扩大牛场养殖规模、出售优秀母牛的前提，是提高牛场整体经济效益、加快投资回报的基础。

一、犊牛的特点

1. 防御体系从初乳获得的被动免疫转向犊牛自身免疫系统　由于负责抵抗疾病的抗体不能在妊娠期间经胎盘传递给胎儿，新生的犊牛免疫系统几乎没有功能，对各种疾病几乎没有任何抵抗能力，犊牛只有从初乳中获得被动免疫力。犊牛在出生后第1天从初乳中吸收的抗体是未来4～6周唯一能够抵抗疾病的武器，及时饲喂充足高质量的初乳是保证犊牛健康的关键。随着犊牛不断接触环境，来自初乳中的抗体不断被消耗，被动免疫逐渐失去功能。出生4～6周后，犊牛的主动免疫系统开始建立并具有保护功能（图6-5）。

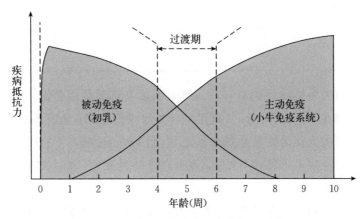

图6-5　犊牛抵抗疾病防御系统的形成

2. 哺乳期犊牛的营养主要依靠牛奶获取　犊牛出生后瘤胃还未发育，营养物质的获得只能依靠液态的牛奶或者代乳品获得。随着瘤胃的逐渐发育，犊牛采食固体饲料的数量逐渐增加，犊牛的营养物质也逐渐从液态奶转变为固体饲料。只有犊牛采食精饲料数量达到体重的 1% 时，才能只依靠饲料获得足够的营养保证其正常的生长发育，方可断奶。

犊牛虽然与成年牛一样有 4 个胃，但前 3 个胃（瘤胃、网胃、瓣胃）很小，其消化功能与非反刍动物一样全靠真胃，无咀嚼、无反刍、无唾液分泌、无瘤胃及网胃微生物发酵。犊牛的营养是通过本能的吮吸反射，引起食管沟收缩、闭合，乳汁经过食管沟直接到真胃。真胃才有消化液，乳糖酶使乳汁在真胃中消化吸收。

初乳、牛奶或者代乳品只有通过闭合的食管沟直接进入皱胃（真胃）才能保证初乳中免疫球蛋白的结构功能完整，保证牛奶或者代乳品中的营养价值；若进入瘤胃，不仅破坏免疫球蛋白的功能，降低牛奶的营养价值，还会引起犊牛腹泻。

3. 精饲料使犊牛的瘤胃不断发育　出生时犊牛的瘤胃比皱胃小。在采食固体饲料，尤其是精饲料后，在丙酸、丁酸等挥发性脂肪酸（volatile fatty acid，VFA）的刺激下瘤胃迅速增长，8 周龄前相对增长最快，12 周龄接近成年大小。皱胃绝对大小变化不大，但相对大小逐渐减少。到了成年，瘤胃体积是皱胃的 10 倍左右（表 6 - 1）。

表 6 - 1　不同年龄牛各胃体积比例（%）

年龄	瘤胃	网胃	瓣胃	真胃
出生	25	5	10	60
3 月龄	65	5	10	20
成年	80	5	7～8	7～8

犊牛只有采食植物性饲料时，通过咀嚼才会刺激唾液分泌，随之出现反刍，反刍出现在 3～4 周龄时。1 周龄的犊牛胃中淀粉酶、麦芽糖酶活性较低，不宜喂含淀粉的人工乳。新生犊牛缺乏胃蛋白酶、盐酸，不宜过早饲喂代乳品，如 2 日龄就喂人工乳（不含凝乳酶）的小牛易死亡，要 1 周后才能饲喂适量的代乳品。

给犊牛补饲精料，不仅是为了补充犊牛从牛奶中获得营养的不足，更为重要的是刺激瘤胃的发育，让犊牛能够尽快采食更多饲料，可以保证犊牛断奶后仍然保持正常的生长发育，减少断奶应激，避免断奶后因采食饲料不足造成的营养物质摄入不足，避免生长发育不良、僵牛的出现。如果及早补饲，瘤胃发育早，补饲越充足，瘤胃发育也越快，犊牛也就可以及早断奶，从而减少牛奶的饲喂量，进而降低饲养成本。相反，补饲较晚，犊牛断奶就晚，需要的牛奶也就较多，饲养成本会增加。

二、犊牛培育的目标

(一) 犊牛的死亡率控制在5%以下

犊牛出生时免疫系统不完全，只有依靠初乳获得被动免疫。4～6周龄时自身免疫系统才逐渐建立。因此，犊牛很容易患各种疾病，如腹泻、肺炎等。如果饲喂不当、畜舍不卫生、管理不当会使犊牛患病率增加、死亡率升高。通常2月龄内犊牛的发病率和死亡率都高，随着年龄的增长死亡率逐渐降低。死亡率低于5%表明犊牛的饲养管理得当，可以增加盈利，加速畜群的遗传改进。死亡率高，难以保证有足够的后备牛更新泌乳母牛，或者可供出售的小牛数量将减少。犊牛死亡，也意味着在犊牛死亡之前的投入将无法收回。

(二) 提高犊牛的生长速度，发掘未来母牛泌乳潜力

理想的奶水牛饲养目标是母牛9～11月龄时体重达到成年母牛的40%，进入青春期，14～16月龄体重达成年的60%时配种；22～24月龄产头胎，产后体重达成年体重的80%～85%，或者分娩前几天妊娠母牛的体重为成年体重的85%～90%。

犊牛 (6月龄以内的小牛) 饲喂不足，增重偏小，即使后期采取补偿生长措施也不能完全弥补生长不足，对后备牛的生长、发育、性成熟、生殖力和泌乳能力都会产生永久性的负面影响。12月龄以上的母牛可以采取补偿生长措施弥补某一阶段 (2个月内) 的饲喂不足，而在青春期前和妊娠最后3个月不应当采取补偿生长措施。犊牛饲喂不足，只能延长产头胎牛的时间，进而会增加饲养成本。

哺乳期犊牛饲喂全奶并补饲精饲料，通常犊牛的日增重可达250～400 g。断奶后的犊牛日增重应保持在600～900 g，过低或者过高均可能造成一系列不利影响。

槟榔江水牛犊牛在 0～180 日龄总平均日干物质采食量与日龄呈指数相关，其回归方程为 $y=0.382\,9e^{0.282\,1x}$（$R^2=0.965\,8$，$P=0.002$），而平均日增重则表现为 0～30 日龄增长变化不大，30～90 日龄为上升趋势，90～120 日龄为下降趋势（可能是 90 日龄断奶所致），120～180 日龄增长变化幅度不大（图 6-6）。

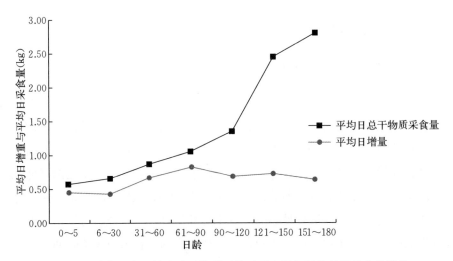

图 6-6　槟榔江水牛犊牛总干物质平均日采食量与平均日增重变化趋势

三、犊牛培育的关键技术措施

（一）初乳期饲养

初乳中的抗体可以通过肠壁完整吸收到血液中。犊牛刚出生时，对抗体的吸收率可达 20%，几小时后，对抗体的吸收率急剧下降，而小肠的消化能力增强。24 h 后犊牛不再具有吸收抗体的能力，如果犊牛出生后 12 h 之内没有饲喂初乳，就很难获得足够的抗体（图 6-7）。

为了保证每头新生犊牛都能获得足够的优质初乳，可以将本饲养场成

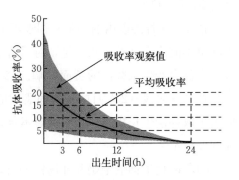

图 6-7　犊牛出生后 24 h 内抗体吸收率变化规律

年母牛生产的额外初乳冷冻保存以便饲喂出现下列情况的新生犊牛：分娩母牛的初乳稀薄如水样，或者含有血；分娩母牛患有乳腺炎；分娩母牛在产前刚刚挤过奶或者产前发生严重的乳遗漏；分娩母牛是刚刚从其他地区购入的或者分娩母牛是头胎产仔的小母牛。高质量的初乳可以在冰箱中冷藏几天，可以冷冻保存1年左右。冷冻保存的初乳应按每次的饲喂量分装，每单位1.5～2.0 kg，以便解冻饲喂，每单位正好饲喂一次。

1. 哺乳方法　犊牛出生后与母牛分开饲养，先用手指训练犊牛吸乳，待习惯后，前4周宜用哺乳器（奶壶）喂奶；4周龄后，可改用奶桶喂奶。

正常情况下，一般1 h内犊牛就可饲喂初乳，每次饲喂量为犊牛初生重的4%～5%，在犊牛出生后2 h内注射铁血素；出生后6～9 h再次喂乳。如果延误第一次饲喂初乳时间，在24 h内要增加喂乳的次数才能保证犊牛获得足够的抗体。以后直到断奶前，每天的喂奶量为初生体重的8%～10%。犊牛出生后的头2～3周，牛奶须采用水浴加热到犊牛体温（39 ℃）后才能饲喂，对稍大一些的犊牛，牛奶温度可以稍低一些（25～30 ℃）。

使用带奶嘴的奶瓶饲喂初乳，容易控制饲喂量，也容易调教犊牛。每次饲喂后奶瓶和所有用具都必须彻底清洗干净，并尽可能实行定期消毒，以最大限度地减少细菌的生长和病原菌的传播。有些体弱不能自行吮吸初乳的犊牛，可以在兽医的指导下采用食管强饲。所有强饲使用的用具和器皿必须进行适当消毒处理。

2. 人工哺乳的调教方法

（1）不要让犊牛吮吸母牛的乳头，更不能吸入母乳，否则会给其后人工诱导喂奶造成困难，乃至失败，故此环节非常重要。

（2）先用手掌或手背轻轻摩擦犊牛的鼻镜，刺激犊牛引起吮吸反射。

（3）饲养员用洁净的右手指蘸上初乳，塞入犊牛嘴中，当犊牛舔食乳汁时，就会将手指当作乳头吮吸不放，这时饲养员要因势利导，慢慢从手指缝隙倒下乳汁，在犊牛吸奶高度兴奋时，将犊牛嘴（带指头）引入盛奶盆中，使犊牛嘴接触到乳面，但不要把鼻子浸入乳中。

（4）反复数次后，手指从上慢慢往下移动，把嘴引向盛奶桶内继续吸奶，饲养员可把手移开，让犊牛自己吸奶。如此反复进行3～5 d后，犊牛一般会习惯自己从奶桶中吸奶。

（5）犊牛喂乳时用颈枷固定，喂完后揩净其嘴边的残乳，并继续在颈枷上夹 10~15 min。

(二) 常乳期饲养

常乳是指泌乳第 7 天以后至干奶前所产的奶。犊牛结束初乳期后转入常乳期饲养，可饲喂代乳品。每天喂奶 3.5 kg，喂乳期 3 个月，全期饲喂奶量320 kg。为降低饲养成本，在哺乳后期可用脱脂奶或代乳粉配制成 15% 的溶液饲喂。

保证定时、定量和定温。即每天喂奶 2 次；按初生体重的 8%~10% 饲喂；每次喂奶保持奶温 35~39 ℃，不得低于 30 ℃。牛奶加温可用水浴法，也可用开水兑入牛奶一起喂给。注意控制犊牛的饮奶速度，如饮奶过急，会引起犊牛消化不良，瘤胃臌气。

脱脂奶粉、乳清蛋白粉等是制作代乳品的理想原料。

(三) 哺乳犊牛的管理

犊牛出生后可以和母牛一起生活在产房中一段时间，但不提倡，更不宜让犊牛直接吃母乳。应建设专门的犊牛岛或隔离犊牛栏舍（犊牛岛或隔离犊牛栏舍在避免穿堂风的前提下，要保证空气的流动，减少呼吸道疾病的发生；有利于形成干燥、清洁的舒适环境），防止犊牛相互吮吸、舔食而传染疾病，以及因舔食了其他犊牛被毛而引发消化道疾病。犊牛岛要经常更换位置，以方便消毒（彩图 6）。

1. 初生犊牛处理　犊牛出生后，用清洁毛巾擦去口、鼻黏液，剥离软蹄，断脐带，称重，编耳号、记录，再移入犊牛栏人工哺乳。

2. 卫生管理　犊牛舍要通风良好，保持犊牛舍的干燥卫生，并铺垫干净褥草，每天打扫，每周消毒 1~2 次。做好冬春季保温工作，防止冷风直吹犊牛。所有存奶、喂奶的设备、容器必须及时彻底清洗，必要时还需消毒。喂奶完毕要用干净毛巾擦净口鼻。犊牛从出生后 5 日龄，即可在舍外运动场做自由运动，20 日龄起可跟群放牧，运动量逐渐增大，夏天中午应赶至阴凉处。

3. 疾病预防　按兽医防疫规程，做好疫苗接种和驱虫工作，平时做好兽医日记，每日兽医及饲养人员要观察牛只食欲、精神状态和粪便情况，做到犊牛有病能早发现、早治疗。

4. 定位与刷拭　犊牛在哺乳期及断乳后的饲喂过程中均应进行定位调教，使之养成进栅采食的良好习惯，同时坚持每天 1~2 次刷拭牛体，促进牛体健康和皮肤发育，减少外寄生虫病，做到人畜亲和，便于以后管理。

5. 保证饮水充足　犊牛初乳期后即可在运动场及栏内放置清洁饮水，任其自由饮用。

6. 补料　犊牛出生后喂母乳至 10 日龄，日喂水牛奶 3.5 kg，7 d 开始训练吃精料，开始时日喂 40～60 g 为宜，喂量由少到多逐渐增加，将颗粒料少许放入料槽内，让犊牛自由采食。也可以将颗粒料加温开水调成稀料，喂法与喂奶相同。15 d 后可开始添加柔软的优质牧草，两种料可分开放置，如在食槽中一边粗料，一边置精料，让其自由采食。28 d 起可喂给多汁粗料，精料要求粗蛋白质不低于 16%～18%。用饲料涂擦犊牛口鼻，诱其舐食，训练犊牛自由采食，以促进瘤胃发育。可用玉米、小麦、豆粕、炒熟的黄豆，以及矿物质、维生素等配制成犊牛精料补充料并制成颗粒后饲喂。哺乳期精料喂量 0.3～1 kg，数日后可增至 80～100 g，1 月龄时 250～300 g，2 月龄时 500～600 g，3～6 月龄喂 1～1.5 kg 即可断奶，断奶后每天饲喂精料量仍为 1～1.5 kg。加强对犊牛进行诱食和采食的调教，争取使犊牛在 100 d 时能达到预定的精料采食量，顺利实现 3.5 个月早期断奶。

7. 肌内注射牲血素　犊牛出生后 2 d 内肌内注射牲血素，以达到补铁、促进犊牛生长发育的目的。

8. 驱虫　在 15 日龄时用盐酸左旋咪唑给犊牛进行驱虫，按说明书的用量使用即可。

9. 称重测量　按规定测量初生、3 月龄、6 月龄体尺并称体重。

10. 断奶　断奶一般指停止哺乳，自然状态下，6 月龄左右犊牛已渐渐习惯食少量饲料。实践中，当犊牛精料采食量达到体重的 1% 时即可断奶，可保证犊牛的正常生长发育。用大量奶培育犊牛有害无益，尤其是不利于瘤胃功能的发挥（表 6 - 2）。

表 6 - 2　水牛犊早期断奶方案

单位：kg

日　　龄	牛奶和犊牛奶粉		饲草料		
	种类	用量	干草	犊牛料	青饲料
0～6	初乳	3～4			
7～15	全乳＋犊牛奶粉＋水	1＋0.5＋3.6		自由采食	

（续）

日　龄	牛奶和犊牛奶粉		饲草料		
	种类	用量	干草	犊牛料	青饲料
16～30	犊牛奶粉＋水	0.7＋5.6	自由采食	0.5	自由采食
31～90	犊牛奶粉＋水	0.7＋5.6	0.5	1.0	5～7

四、犊牛早期断奶后的管理

犊牛断奶后相互吸吮、舔舐的行为逐渐减少，断奶犊牛可以分组饲养。将单独饲养了一段时间的犊牛圈养在一起会引起应激反应，它们不仅要相互学习适应，还必须掌握竞争饮水和采食的能力。因此，断奶后的犊牛舍与哺乳犊牛舍基本相似，只不过是将 4～6 头体型大小接近的犊牛饲养在一起。

断奶犊牛舍每头犊牛至少要有 1.5～2.2 m² 的活动空间，每个畜栏的面积为 6～12 m²。畜栏可以布局在具有屋顶的畜舍内，可以是单列式，也可以是双列式，畜舍可根据当地气候特点为开放式、半开放式或者封闭式，总的要求是既要通风良好，又不要形成穿堂风。畜栏地面不应该是通常的具有一定坡度的水泥地面，而应该铺设干净、干燥的垫料，如细沙、稻草等。

在母牛圈外单独设置犊牛补料栏或补料槽，以防母牛抢食。每天补喂 1～2 次，补喂 1 次时在下午或黄昏进行；补喂 2 次时，早、晚各喂一次。到 6 月龄后正常转入育成牛群。

（一）圈舍环境和卫生

犊牛圈舍和运动场要保证清洁干净，定期进行打扫和消毒，消毒药的类型要定期交换使用，以防止细菌、病毒对消毒药产生耐药性，起不到杀毒灭菌的作用，且要根据季节或疫病的高发期选择消毒药物。保证犊牛舍的空气流通和湿度，一般圈舍相对湿度控制在 45%～60%。

（二）饮水

此时期犊牛可以在运动场饮水，每天在牛舍饲喂后，犊牛可以在运动场地自由活动，夏季夜晚犊牛可以不进牛舍，在运动场地休息、反刍；冬季注意防寒，以免疾病的发生。

（三）刷拭和运动

每天至少刷拭 1~2 次，每次 5 min 左右。而运动对于此期犊牛更为重要，犊牛在舍饲期，每天至少要进行 2 h 以上的驱赶运动。此外，在晴天还要让它们经常在运动场内自由运动和呼吸新鲜空气及接受日光的照射。

五、留种选育

槟榔江水牛在规模化养殖条件下，平均一个泌乳期产奶量达 2 452 kg，最高产奶量 3 685 kg。农户养殖的一个产奶周期产奶量达 1 800 kg。槟榔江水牛是很好的乳用品种资源，加强槟榔江水牛的留种选育，向乳用性发展，将槟榔江水牛培育成优良的奶水牛品种是解决我国改良本地水牛问题的一个有效途径。遗传素质在整个水牛生产中贡献率达到 40%，饲料营养及饲养管理共占 40%，疾病防控占 15%，一些其他因素占 5%。奶水牛的养殖效益来自群体的遗传改良，育种的重点是培育优秀种公牛，而种公牛对奶水牛群体遗传改良的贡献率超过 75%。

（一）后备种公牛的系谱选择

要获得理想的后备种公牛，必须经过系谱选择，挑选种公牛和种母牛。挑选系谱清楚、遗传稳定、生产性能突出的公牛作为种公牛。通过系谱可了解种公牛祖代的遗传可靠性。包括基因、生长发育、生产性能、体质外貌、繁殖性能、遗传缺陷和公牛后代生产性能等内容。按系谱选择种公牛，要特别重视其父亲的遗传信息，因为亲缘越接近对该牛的遗传性能影响越大。种母牛的生产性能要高，在产奶量、乳脂率和乳蛋白率等方面达到一定的标准，繁殖性能良好、体质健壮、外貌整体优秀、乳用特征强、乳房结构好。

（二）选种选配

选择不同性状的种公牛和种母牛进行组合，开展配种工作，以求获得需要的后备种公牛。

（三）根据后备种公牛自身表现进行选择

在种公牛和种母牛的后代中选择后备种公牛。要求公牛各项指标表现优

秀，主要看其生长发育、性成熟的早晚、体质外貌、精液质量等性状。经过以上选择，合格的小公牛才能进入后裔测定程序。

第三节　育成牛的饲养管理

育成牛作为成年牛群的基础，其生长发育，包括乳腺及瘤胃发育，是影响成年后生产性能及繁殖性能的关键。因此，此阶段的营养供给及饲养管理至关重要。

一、育成牛生长发育特点

育成牛指断奶后至配种前的牛，处于生长发育最快的阶段，体重迅速增加，一般到 24 月龄时，体重应达到成年时的 70％以上，24～30 月龄时应已配种妊娠。分析槟榔江水牛 15 头公牛屠宰数据，并结合广西水牛研究所统计资料显示：

1. 体重迅速增加　6 月龄体重为成年母水牛的 26.0％～29.2％，12 月龄时为 40％～44.3％，至 24 月龄时达 75.3％～81.4％；24 月龄以后，体重增长最慢，说明此时体成熟已基本完成。

2. 各部位体尺变化显著　6～24 月龄水牛体躯的发育是向粗、宽、深、长的方向发展，其中腰角增长最快达 56.4％，其次是胸围 36.0％，再次是腹围 39.3％，体斜长也超过 33.0％，增长最少的是体高和管围，只有 22.0％和 19.6％。母水牛在 24 月龄后躯发育最为显著，此时的体型已接近成年母水牛，只是个体小。

3. 体内器官的发育　水牛 12 月龄的瘤胃发育日趋完善，已接近成年水平；公牛的睾丸开始发育增长，母牛的卵巢出现活性。18 月龄有的早熟公牛会跟随发情母牛并爬跨，睾丸明显增大并垂下腹部，阴茎变粗变长；母水牛卵巢增大，卵泡发育并有排卵发生，出现发情，乳头略有增大、突出。如果公牛和母牛混群饲养，由于相互刺激，可使水牛性成熟提前，于 18 月龄或 24 月龄时可产生成熟的精子和卵子，如果进行自然交配会受孕。

二、育成牛的饲养

这阶段主要是体重增加和骨骼发育，以及消化器官的容量增加。育成牛的饲料应以优质青干草和青贮料（牧草）为主，精料只作蛋白质、钙及磷等的补充。有条件的，可按照育成母牛培育营养需求饲养，力争24月龄配种。

（1）育成奶水牛在饲养上主要以青粗饲料为主（占60%～90%），混合精料为辅（占10%～40%），精饲料采食量为每头每天1.5～2.0 kg，干草2 kg，青贮或青饲料8～10 kg，总干物质采食量达体重的3%～4%。饲料品种要多样化，青粗料采食量（鲜重）应达到体重的10%以上。如粗饲料品质优良，也可不喂或少喂精饲料。

（2）育成水牛受胎后，一般情况下仍按育成水牛饲养方法喂养，只是在妊娠后期的2～3个月才需要增加营养。精料的饲喂量比前期增加30%～40%，达2.0～3.0 kg，给予足够的优良青绿饲料，膘情以中上水平为宜，切忌过肥。

（3）喂料采用先粗后精再粗的方式，先喂部分粗料让牛固定位置，然后投喂精料，最后加入粗料让牛只自由采食，直到吃饱为止。

三、育成牛的管理

（1）公、母牛分群　当公、母牛合群饲养到18月龄时，应分开饲养、分群管理，以免发生早配乱配。

（2）进入育成牛舍后应定位饲养，每天刷拭1～2次，保持牛体清洁卫生，并与饲养员建立感情。妊娠后期每天按摩妊娠牛的乳房2次，每次10 min以上，并热敷乳房，可促进乳腺发育。

（3）育成牛加强运动量，每天运动不少于2 h，促使骨骼发育、心肺发达，锻炼肢蹄，增加青绿饲料采食量，对促进消化有好处。如果精料过多而运动不足，容易发胖，体短肉厚个子小，早熟早衰，利用年限不长，终身产奶量低。

（4）育成母牛的配种　育成母牛的适配月龄为24～30月龄、体重350 kg以上，如饲养较充分、生长发育较快的也可提前配种，初配牛以自然交配为宜。公、母比例为1∶（10～16），人工授精时，要注意观察母牛的发情表现，适时输精。

（5）妊娠后期（约产前2个月）增加精料的饲喂量至2～3 kg，保证母体及胎儿正常生长发育的需要。

（6）坚持按免疫规程进行疫苗接种和体内外驱虫。

（7）要防止育成水牛争斗、奔跑和激烈的旋转运动，滑倒易引起骨折损伤。

（8）育成牛应在 6 月龄、9 月龄、12 月龄、18 月龄、24 月龄测量体尺和称体重，记录档案。

第四节　种公牛的饲养管理

槟榔江水牛作为我国唯一的河流型水牛，重视和加强对种公牛的饲养和管理，以提高人工授精的受胎率和促进役用向乳肉兼用型发展，能有效解决我国水牛种源依靠从国外进口的瓶颈，对我国 2 000 多万头沼泽型水牛的发展和改良起着极其重要的作用。

一、种公牛的饲养

日粮应该是全价饲料，多样配合、营养均衡、适口性强、容易消化，精、粗饲料要搭配得当。为提高采精数量和精液质量，优质蛋白质原料尤其重要。多汁饲料和粗饲料虽然适口性好，但它们的营养浓度低，长期喂量过多，会使种公牛消化器官容积扩大，形成"草腹"，影响种用效能。玉米等谷物富含碳水化合物，能量高，常用于平衡日粮的能量，但是喂量过多易造成牛体过肥，精液品质下降。豆饼等富含蛋白质的精料是种公牛的良好饲料，有利于精子形成，但属于生理酸性饲料，饲喂过多时不利于精子的形成。青贮饲料本身含有多量的有机酸，不利于精子的形成，应该少喂。

生产中可参考以下推荐喂量：每日精饲料按每 100 kg 体重给予 0.4～0.6 kg，但每日每头精饲料喂量最好不要超过 6 kg，以 4～5 kg 为宜。干草 1～1.5 kg；青贮饲料 3～8 kg，最多不应超过 10 kg；胡萝卜 0.5～0.6 kg；青草 20～30 kg。在采精旺期，每头种公牛每日给予 100～150 g 钙补充剂，食盐 70～80 g。同时供应充足、新鲜的饮水。

二、种公牛的管理

要管理好公牛，首先应了解它的生理特性和习性。从生理的角度看，种公牛和其他的种公畜不太一样，具有记忆力强、防御反射强和性反射强的特性。尤其是当陌生人接近时，立即表现出要攻击的姿势。公牛在采精时，勃起反射、爬跨反射与射精反射都很快，射精时冲力很猛，如长期不采精或采精技术不良，公牛的性格就会变坏，容易出现顶（抵）人的恶癖，或者形成自淫的坏习惯。因此，在种公牛的饲养管理中要注意"恩威并施，驯导为主"的原则。

1. 种公牛的合理利用 30月龄的后备种公牛，可进入采精的准备阶段，并进行试采以便鉴定其精液品质。从36月龄起可正式作种用。30～36月龄的健康公牛以每周采精1次（2次射精，间隔10 min）为宜；42月龄开始转入正常采精，每周2次采精（4次射精）。

2. 保持人、牛亲和及人、畜安全 饲养员、采精员和管理人员要经常保持人、牛亲和。种公牛舍、采精室应建在较偏僻清静的地方。避免无关人员接触种公牛，尤其防止挑逗公牛养成顶（抵）人的恶癖。牵引配种或运动时，不得以粗暴态度吓唬和鞭打种公牛。

对公牛应注意拴系牢固。一般应每头公牛拴系两根细绳，以防止其脱缰乱抵。对正在配种或采精的公牛，牵引人员或采精员要时刻保持警惕，以确保人身安全。对于抵架的公牛不要惊慌失措，应积极采取花绳（活结）套牛头等措施予以制止，决不可采取消极态度放任自流。

3. 运动 适量的运动可使公牛行动灵活、性情温驯、体格健壮、性欲旺盛，并生产量多质优的精液。育成公牛须在18月龄时穿鼻，进行调教训练，每天有2～3 h的运动量。成年种公牛每天应有1.5～2 h的运动量，并且设运动场。

4. 刷拭和按摩睾丸 每天坚持1～2次的刷拭，刷拭的重点是两角间、额部及颈部等处。夏季还应给其淋浴，边淋边刷，浴后及时把牛体擦干。每天坚持按摩睾丸1次，每次5～10 min，可提高种公牛的精液品质。

5. 护蹄和防疫工作 随时检查种公牛的蹄，经常保持其蹄壁、蹄叉洁净，每年春、秋季各修1次蹄。每年定期进行预防注射，牛舍进口、出口设消毒槽（池）以便消毒。

6. 防寒、防暑 在气温较高的月份（6—9月），应采取防暑降温措施，如运动场搭凉棚、四周植树遮阴、牛舍安装鼓风机、用自来水冲洗牛体，同时驱除体内外寄生虫，在运动场周围经常喷洒药物消灭牛虻、蚊、蝇等。另外，采精、运动和饲喂都应在一天之中气温较低的时间进行；在寒冷季节要防风、防寒，应垫草，以保持牛舍干燥温暖。采精、运动和刷拭等均应在一天之中较暖的时间进行。

第五节 水牛育肥技术

槟榔江水牛核心群公、母犊比例为 100∶102.3，公犊占总产犊数的49.43%，公犊初生重平均比母犊高 4.6%，且公牛的生长速度快于母牛。屠宰率、净肉率及胴体产肉率是判断动物屠宰性能优劣的重要指标。槟榔江水牛公牛未育肥的屠宰率在 41.95%～58.06%，平均值为 50.91%。且水牛在适龄屠宰时其肉较其他牛肉嫩、滋味鲜，富含高蛋白、高必需氨基酸，具有低肌内脂肪、低饱和脂肪酸、低胆固醇和甘油三酯的特性，且含有与人体健康密切相关的 ω-3 和 ω-6 系列脂肪酸，水牛肉已被公认为最健康的肉类之一。因此，水牛可发展为一种优质的肉类资源，育肥育成公水牛和淘汰母水牛前景广阔。

一、育成公水牛的育肥

育成水牛又称架子水牛，多为 10～24 月龄的水牛，此阶段水牛生长发育最迅速。在良好的饲养条件下，24 月龄体重可达成年水牛的 70% 左右，其后速度减缓，增重降低。根据这一特点，在水牛生长发育最快的阶段给予充分饲养，发挥其增重潜力，尤其在 15 月龄以前，日粮中粗蛋白质水平应达到12%～13%，增重净能应达 9～10 MJ。而 15～24 月龄时主要是改善肉的品质，因体重的增加主要表现为脂肪的沉积，日粮中粗蛋白质水平可降至10%～11%，增重净能则应达 11～13 MJ。同时应注意矿物质和维生素，特别是钙、磷和维生素 A 的供给，钙为 10～20 g，磷为 2～3 g，维生素 A 为 1.2×10^5～1.5×10^5 IU。

（一）育肥技术

1. 新购进育成水牛的饲喂技术

（1）饮水 育成水牛经过一段时间的驱赶或运输，应激反应大，特别是杂交水牛，其胃肠内食物少，体内失水较严重。因此，首先应考虑给水牛补水，第一次饮水要限量，切忌暴饮，一般为 10 kg 左右，每头水牛另补 100～120 g 食盐；第二次饮水在第一次饮水后 3～4 h 进行，自由饮水。

（2）饲喂优质干草 当育成水牛饮足水后，便可饲喂优质饲草，第 1 天限制饲喂，约为日采食量的一半。后逐渐增加饲喂量，到 5～6 d 后自由采食。精料补充料于 2～3 d 后开始,从体重的 0.5% 逐渐增加到体重的 0.8%～1.0%。

(3) 分群 对新进场的水牛,按年龄、体格大小、强弱分群。同等级的育成水牛集中在一起饲养管理,一般每群大小以 15～20 头为宜。分群在临近天黑时进行较容易成功。分群的当晚应有管理人员值班,防止水牛争斗和发生意外。

(4) 驱虫和防疫注射 主要是驱除肝片吸虫、线虫类、蜱虱、痒螨。防疫接种主要是预防口蹄疫和牛出血性败血症两种。

2. 全舍饲育肥饲养 育成水牛一般从 12 月龄进入育肥场后,经 8～12 个月的育肥,至 24 月龄左右出栏,达到较高的活重和高等级的优质肉。此饲养技术大致分为两或三个阶段。采用前粗后精两个阶段饲养方式,既能节约饲料,又能获得满意的育肥效果。

(1) 育肥前期的饲养技术 12～18 月龄时的育成水牛,以青饲料和粗饲料为主,如各种青草、鲜甘蔗梢、青贮玉米、氨化稻草、干甘薯藤、酒糟等。青饲料和精饲料的比例可占日粮干物质的 80% 左右,要限制精饲料的喂量,使水牛维持正常生长发育的同时,又锻炼水牛的消化器官,使干物质采食量达体重的 3% 左右。为了让牛多采食青饲料和粗饲料,最好采用 TMR 日粮的方法,诱导其采食粗饲料。此阶段不宜追求过高的日增重,每头日增重以 0.5～0.6 kg 为宜。

(2) 育肥后期的饲喂技术 选用高能低蛋白的饲料,保证矿物质、维生素的供给。日粮从前期以青饲料和粗饲料为主过渡到以精饲料为主。精粗饲料的比例逐渐从 3∶7 到 4∶6。精饲料以玉米、大麦、碎米、米糠、麸皮、棉籽或棉籽饼等配合,粗饲料以全株青贮玉米、黑麦草和啤酒糟为宜。

当水牛育肥到体重达 400 kg 后,进入肉质改善期。此时的关键是增加采食量,调整饲料和日粮,改进饲喂技术,提高食欲。可增加饲喂次数,从日喂 2 次增至 3 次,或让其自由采食,或实行夜间喂青饲料和粗饲料,白天喂精饲料,保证每天能采食到足够的精饲料,以取得满意的育肥效果。

3. 放牧育肥饲养 研究认为,草饲牛肉与舍饲牛肉相比,含有低饱和脂肪酸和更高多不饱和脂肪酸,以及 ω-3 脂肪酸(Alfaia,2009;Daley,2010)。而中国水牛基本分布于淮河以南,不同气候条件的水稻生长区,光、水、热条件得天独厚,气温高而降水量大,牧草一年四季均可生长,牧草资源十分丰富,枯草时间很短,几乎终年可以放牧。春天气候暖和,牧草已经开始生长，草质幼嫩，粗蛋白质含量高，维生素也丰富，有机物消化率可达70%。夏季气温高，降雨多，牧草光合作用强烈，生长很旺盛，营养价值也高，水牛可任意采食，为水牛放牧育肥创造了一个"价廉物美"的物质条件。白天放牧，夜间补饲精料，既可降低饲养成本，又可获得优质的牛肉。

在放牧时应注意避免水牛过多采食三叶草或苜蓿等豆科牧草，导致水牛膨气。当发生膨气时，可饲喂泊洛扎林。

（二）育肥水牛的日粮配合

根据各地的经验，结合当地饲料资源，总结几个常用育肥水牛日粮配方供参考，见表6-3。

表6-3　常用育肥期水牛典型日粮配合示例（%）

饲料名称	配方1	配方2	配方3	配方4	配方5
玉米	10.0	25.0	9.0	16.7	23.5
棉籽饼	12.0	13.0	11.0	24.7	16.0
大麦粉					5.0
全株青贮玉米	44.6		51.0		
象草（甘蔗梢）		37.0		37.4	46.1
酒（啤酒）糟	30.0	21.1	25.6	10.0	
草粉			2.5	5.0	5.0
稻草	2.5	3.0		4.5	3.0
石粉	0.5	0.5	0.5	1.0	1.0
盐	0.4	0.4	0.4	0.7	0.4

注：根据水牛体重选用配方及饲喂量。

二、淘汰水牛的育肥

水牛的寿命一般为20年，使用年限为15年。因此，淘汰水牛基本是成年牛，此时肌肉和骨骼生长停止，增重主要靠脂肪的沉积。营养要求主要是能量水平，蛋白质水平要求不高，但维持需要增加，总需要量因而增大。粗蛋白质水平一般为9%~10%，增重净能应达15 MJ左右。淘汰水牛的营养需要与育成水牛育肥后期相似。

三、提高育肥效果的方法

（一）增加育肥水牛的采食量

在单位时间内，水牛能多采食、多消化饲料、多吸收营养物质，是水牛快长、长好的基本条件。要创造条件，让水牛大量采食饲料。

（1）在育肥前期，日粮组成中粗饲料的比例不能低于50％。多采食粗饲料，可锻炼肠胃，增大胃的容量。

（2）选购架子牛时要严格选择，除了注意体型外貌，还应注意亲本的遗传特性以及与年龄相应的体重。

（3）变换饲喂方法

① 加喂优质、适口性好的青绿饲料，恢复胃的功能。

② 改变料形，如采用蒸煮、压片等方法提高饲料的适口性。

③ 每次饲喂前配制日粮，不喂剩余日粮或隔夜饲料。

④ 适当运动，有助于胃肠蠕动和消化液的分泌。

⑤ 日粮中增加优质青干草的比例。

⑥ 保证饮水的新鲜并昼夜供应。

⑦ 日粮中增加有助于消化的药物添加剂，如小苏打、人工盐、大蒜酊、维生素A、健胃散等，刺激消化液分泌和调节体内代谢。

（二）应用生长促进剂

生长促进剂属非营养性饲料添加剂，主要作用是刺激动物生长，提高饲料转化率并改善动物健康。

在饲粮中添加外源酶可增强饲粮中特定组分的水解作用，提高饲料转化效率（Birkelo，2003）。在饲喂高粗饲粮时，木聚糖酶与纤维素酶或内切葡聚糖酶混合添加对ADG有促进作用，而当饲喂以大麦而不是玉米为基础的高精料饲粮时，ADG和饲料转化效率均有提高（Beauchemin 和 Holtshausen，2010）。

第六节　水牛挤奶技术

正确的挤奶方式和方法，加上熟练的挤奶技术，可以充分发挥水牛的产奶性能及预防乳腺炎的发生。水牛由于乳头短小，乳头孔狭窄，乳头括约肌紧张度高，排乳反射潜伏期长，受不良条件刺激易产生排乳抑制。因此，水牛人工挤奶技术要求较高，必须经过专门训练才能胜任。挤奶方法有机械挤奶和人工挤奶两种方法。

一、机械挤奶

由于水牛乳头发育不如荷斯坦牛规则整齐，现多采用便携式挤奶机挤奶，使用方法详见挤奶机操作说明。

二、人工挤奶方式和方法

（一）挤奶方式

（1）直线挤奶　先挤两前乳头，再挤两后乳头，这是生产中常采用的方式。

（2）一侧挤奶　先挤右侧两乳头，再挤左侧两乳头。

（3）交叉挤奶　先同时挤右侧前乳头和左侧后乳头，然后再挤左侧前乳头和右侧后乳头，交替进行，这种挤奶方式效果最好。

（4）单乳头挤奶　依次单独对每个乳头进行挤奶，患有乳腺炎、乳头括约肌高度紧张以及最后清乳时常用此方式。

（二）挤奶方法

有握拳式压挤法和滑指法（指挤法）2种方法，握拳式压挤法比滑挤法挤奶效率高，省力不伤乳头，生产中一般常用握拳式压挤法挤奶。每天一般定时挤奶两次，喂犊牛两次。

（1）握拳式压挤法　用全掌握住乳头，以大拇指和食指捏紧乳头根部，然后按中指、无名指、小指顺序压挤，手指动作要有节奏，用力均匀，每分钟压挤 60～100 次，熟练挤奶员以 80～90 次/min 为好，每次应尽量将乳池乳排净。挤奶过程中不能停断，应尽快将全部乳汁挤完，左右手可交替挤奶轮换休息，如此反复进行，直至将奶挤干净。

（2）滑指法　对于乳头较短的母牛可采用滑指法。用拇指和食指夹紧乳头根部，然后向下滑动把奶挤出来。

三、人工挤奶技术

犊牛出生后 4～6 h 即可挤奶，由于母水牛胆小对周围环境的变化反应敏感，挤奶时避免生人出现，防止产奶量降低或不出奶。

（一）挤奶前准备

（1）牛舍清洗干净，刷洗牛体，备足饲料、用具，如挤奶桶、盛奶桶、过滤纱布、洗乳房水桶和毛巾、小凳、秤、记录本等，然后给牛喂料。每头挤奶水牛应备一桶干净水和专用毛巾，以免感染。

（2）挤奶员穿好工作服，修剪指甲、洗净双手。

（3）清洗和按摩乳房，水温 40～50 ℃，不低于 38 ℃，将毛巾蘸湿，带较多水分，迅速洗涤整个乳房 1～2 次，然后用一次性纸巾擦干乳房上的水，有条件的地方应用专用消毒剂浸泡乳头 20 s，然后按摩。用手掌心用力来回按摩乳房基部 2～5 min，再轻轻上下搓捏乳头不断刺激乳房，使母牛产生排乳反射，当母牛乳房开始充盈和放奶时，即可挤奶。

（4）挤完奶后，乳头括约肌完全关闭需要 1 h，为了防止外界病菌侵入，应迅速药浴保护并涂乳头保护液。

（二）挤奶

挤奶时，先将挤奶水牛的尾巴系于一侧腿上，挤奶人员位于挤奶水牛左侧，右膝在牛左后肢飞节前侧附近，两脚向侧方张开，即可开始按摩和挤奶。按摩时，两手动作要轻、慢，交叉握住两个乳头，按照挤奶手势，轻轻捏动乳头，待母牛放乳后再加力挤奶。每次挤奶必须挤净，先挤健康牛，后挤病牛（奶及时弃置）。

（1）初次挤奶的母牛，应先保定母牛，最好是在保定架内进行，并注意安全，首先把牛头拴牢在保定架上，把后脚拴好后再挤奶。

（2）经产母牛和产犊时间较长才开始调教挤奶的母牛，经长时间乳房按摩仍难以放奶时，可利用犊牛吮吸母牛乳头后挤奶。先将犊牛拉到母牛乳房旁，让其吮吸，当母牛乳房开始充盈和放奶时，强行将犊牛拉开，即可正常挤奶。经产母牛和产犊时间较长的母牛比初产母牛调教困难，要耐心细致、长期坚持，母牛反抗不安时，可一边挤奶，一边让另一人从旁给母牛按摩或给母牛吃它最喜欢吃的饲料，令母牛尽量放松安静，便于挤奶。

（3）带仔母牛产仔后未及时挤奶，在犊牛哺乳一个月内仍然可以实施人工挤奶。让犊牛与母牛分开关养，每天定时将母牛保定在保定架内哺乳2次，每次母牛排乳后，强行将犊牛移开，并尽快将乳挤完，过滤后饲喂犊牛1.5 kg。调教四五次后母牛反抗减弱，并逐步增加乳房按摩时间，若乳房按摩15 min后仍不排乳时，再让犊牛实施哺乳刺激，母牛排乳后强行将犊牛移开，即可实施人工挤奶，这样反复多次，一般一周后即可建立条件反射，正常实施人工挤奶。

（三）人工挤奶时应注意的问题

（1）挤奶时坐的姿势要端正，采用正确的挤奶方式和方法，以免疲劳，特别是两手臂的疲劳。

（2）当母牛放奶后，尽快把奶挤完，不要中途停顿，应在8~10 min内挤完。因为时间一长就会出现排乳抑制现象，有奶挤不出，使产量降低。

（3）挤奶时每个奶头的第一、二把奶应挤在检奶杯上，注意观察奶汁有无异常，若有问题，应检查是否有乳腺炎或其他问题。

（4）挤奶时间和挤奶员要相对固定，不能随意更改挤奶时间、顺序和变换挤奶员，以免破坏已建立好的条件反射。

（5）挤奶环境要安静，挤奶时禁止喧哗、嘈杂和特殊声响，切忌陌生人站在挤奶水牛附近，以免引起挤奶水牛不安或受惊吓，造成排乳抑制现象。

（6）挤奶员要与牛培养感情，加强亲和力，要善待牛只，态度温和，禁止鞭打和恐吓，以免养成恶癖，对初产母牛尤其更应如此。

（7）初产母牛强调乳房按摩，建立泌乳条件反射，多加关照，对训练仍不放奶的牛可注射少量催产素（5~10 U/次），强迫排乳，以适应挤奶习惯，但应尽量少用。

（8）挤完奶后对每头牛所产的奶分别称重和记录。牛奶要用多层纱布盖奶桶过滤，以减少污染，预防牛奶变质，并迅速将牛奶冷却，保证质量。

（9）挤奶员要求身体健康、无传染病，要定期进行身体检查。

四、鲜奶的冷却、贮存和运输

（1）鲜奶贮存和运输容器　贮存生鲜牛奶的容器，应符合《散装乳冷藏罐》（GB/T 10942—2001）的要求。运输奶罐应具备保温隔热、防腐蚀、便于清洗等性能，符合保障生鲜牛奶质量安全的要求。

（2）鲜奶的冷却 刚挤出来的鲜奶，温度约在36 ℃，是微生物生长发育最适宜的温度，如果不及时冷却，鲜奶易变质。因此，刚挤出的生鲜牛奶应及时冷却到4 ℃以下保存、运输。

（3）鲜奶的贮存时间 生鲜牛奶挤出后在贮存罐的贮存时间原则上不超过48 h。贮奶罐内生鲜牛奶温度应低于6 ℃（表6-4）。

表6-4 不同的温度下水牛奶的保存时间

种 类	贮存温度（℃）				
	20～25	10～8	8～6	6～4	2～1
鲜奶（h）	2～4	6～13	12～18	24～36	36～48
巴氏杀菌奶（h）	6～12	24～36	36～48	48～60	60～72
煮沸杀菌奶（h）	24	36～48	48～60	60～72	72～96
高压灭菌奶（月）	3	5	6	7	8

（4）鲜奶的运输 从事生鲜牛奶运输的人员必须定期进行身体检查，获得县级以上医疗机构的身体健康证明。生鲜牛奶运输车辆必须获得所在地畜牧兽医部门核发的生鲜牛奶准运证明，必须具有保温或制冷型奶罐。在运输过程中，尽量保持生鲜牛奶装满奶罐，避免运输途中生鲜牛奶震荡，与空气接触发生氧化反应。严禁在运输途中向奶罐内加入任何物质。要保持运输车辆的清洁卫生。

第七章

槟榔江水牛的疫病防控

第一节　生物安全

2008 年 FAO、OIE、世界银行对涉及养殖业的生物安全定义为：为降低病原体传入和散布风险而实施的措施。它要求人们采取一整套措施和行为来降低涉及家养和野生动物及其产品所带来的风险。养殖业的生物安全分为外部生物安全和内部生物安全。外部生物安全的核心是用来避免（防止）外部病原体进入畜禽群或养殖场；而内部生物安全则指已存在病原体时，防止疾病在畜群或农场内向未感染动物散布或向其他农场散布。

针对传染病的生物安全措施旨在：控制消灭（扑杀等）或者治愈传染源（或者控制其排毒）；保护易感动物（保健、免疫等）；切断传播途径。为了减少动物疾病的发生，降低疫病风险，应加强养殖场生物安全措施，隔离传染源——携带病原（并且排毒）的感染动物；隔离易感动物——缺乏抵抗力、容易被疾病感染的未感染动物；切断传播渠道——病原从传染源传播给易感动物的途径。养牛场生物安全体系的核心内容有以下几个方面。

一、牛场选址和布局

牛场在选址规划初期，必须遵循国家有关规定和当地发展规划，如关于养殖场距离水源、河流、居民区至少 1 000 m，距离公路 500 m 之外；周围有缓冲隔离带 200 m，有围墙，围墙外有防疫沟；有足够的土地和环境空间来容纳牛场排放的粪尿污水和气味等规定。场区设置应将生产区与生活区分开，生活区处于上风口。犊牛舍、产房、青年牛舍、成年牛舍呈梯级排列，犊牛舍位于上风口,阶梯高处。在下风口处配备兽医室、隔离区、无害化处理区、粪污区。粪道与料道分离不交叉,污水与雨水分离。场区大门口设与大门同宽,长3.5 m以上的消毒池。生产区门口设消毒坑和紫外线或药物熏蒸消毒房。销售区设置隔离展示窗。勤打扫场区卫生,开展灭鼠灭蝇活动。

二、人员管理

(1)牛场设置专职兽医人员,负责场内防疫、监测、治疗、消毒、无害化处理等工作,要建立各项工作管理记录台账。牛场兽医不能对外实施诊疗服务。

(2)场内员工分工管理,相对固定。负责场外业务的员工不进入生产区。生产区员工职责划分,不同管理区的员工减少或避免工作交叉,工具不混用。隔离区和观察区的员工不能进入其他生产区。饲养员自生活区进入生产区,必须更衣、消毒。场外用具禁止带入生产区。

(3)所有员工都禁止进入疫区,外出返场必须更衣,严格消毒。

(4)原则上尽量减少参观人员及其他人员进入生产区,若确有必要进入,必须严格更衣、消毒,并单向移动、参观。

三、消毒

消毒就是应用物理或化学的方法,对物体和环境中的微生物及其芽孢进行杀灭,或者将其控制在公共卫生标准允许的限量范围内,达到消除潜在传染性的目的。

(一)常见的消毒方法

1. 物理消毒法 火焰灭菌、煮沸灭菌、高压蒸汽灭菌、紫外线灭菌、干燥灭菌、阳光灭菌等。

2. 化学消毒法 利用酸、碱、酚、醛、醇、卤素、重金属盐类等化学制剂杀灭微生物。

(二)牛场环境常规消毒

1. 人员消毒 进出场人员消毒,进入生产区员工消毒。

2. 车辆消毒 进场车辆经消毒坑消毒,有条件的喷雾消毒。

3. 场地消毒 场内定期消毒，生活区每2周消毒1次，生产区每周消毒1次，生产区尽可能带畜消毒。每月更换1次消毒剂类型（酸、碱、醛、卤），减少耐药性的产生，使消毒更彻底。

常见环境消毒药的使用方法：

（1）过氧乙酸 无色透明液体，具有强烈的酸醋味。易溶于水，易挥发，有腐蚀性。本品具有高效广谱灭菌抑菌作用，对细菌及其芽孢、真菌、病毒都有杀灭作用。常用0.5%的溶液喷洒消毒畜舍和运输车辆；每升饮水加20%过氧乙酸溶液1 mL，用于饮水消毒；每平方米畜舍用1～3 g，稀释成3%～5%的溶液，加热熏蒸消毒，密闭门窗1～2 h。

（2）碳酸钠 碳酸钠为粉末状固体，溶于水产生氢氧化钠。氢氧化钠为强碱，对细菌、病毒有很强的杀灭作用，对寄生虫卵也有杀灭作用。3%～5%的碳酸钠溶液用于畜舍、场地、车辆消毒。

（3）二氯异氰尿酸钠或三氯异氰尿酸钠 为白色结晶粉末，易溶于水，水溶液不稳定。本品为强力消毒药，能杀灭细菌、病毒和真菌。0.5%～1%的溶液浸泡或喷洒，可用于细菌及其芽孢、病毒污染的场所及器具消毒。每升水加4 mg二氯异氰尿酸钠用于饮水消毒。

（4）甲酚皂 别名来苏儿，为50%的甲酚皂溶液。能杀灭细菌，对结核杆菌和真菌有一定杀灭作用，对芽孢和病毒无效。3%～5%的溶液用于器具、圈舍、环境消毒。1%～2%的溶液用于皮肤及手的消毒，0.5%～1%的溶液可用于冲洗口腔及直肠黏膜。因有特殊臭味，不宜用于屠宰场、奶水牛场及食品仓库消毒。

（5）双链季铵盐类消毒剂 包括百毒杀、百菌杀等。对细菌、病毒有较强的杀灭能力。环境消毒浓度0.03%，饮水消毒浓度0.005%～0.01%。

（6）生石灰 遇水生成氢氧化钙，起消毒作用。10%～20%的石灰乳用于圈舍墙壁涂抹消毒，石灰粉用于地面和粪便消毒。

（7）草木灰 主要含碳酸钾，以30%的草木灰水煮沸，将其上清液用于圈舍、用具消毒。

（三）主要作用于皮肤黏膜的消毒药

1. 乙醇 又名酒精，为无色透明的挥发液体。70%～75%的浓度杀菌作用最强，高于75%浓度反而降低消毒效果。常用70%～75%的乙醇对皮肤、手臂、注射部位、针头及小件医疗器械进行消毒。

2. 过氧化氢　常用3%的过氧化氢溶液冲洗污染、陈旧化脓的创伤，对新鲜创伤不宜使用，以免撕裂组织，扩大感染。用0.3%～1%的溶液冲洗口腔黏膜。

3. 碘　对细菌及其芽孢、真菌、病毒、原虫、蠕虫有强大的杀灭作用。临床上与乙醇配成2%～5%的碘酊溶液，用于皮肤和黏膜消毒。复方碘溶液配制：碘50 g、碘化钾100 g，加蒸馏水至1 L制成。

4. 聚维酮碘　黄棕色粉末或片状固体，可溶于水。本品能缓慢放出游离碘而具有杀菌作用，对皮肤刺激小，毒性低，作用持久。常用于手术部位、皮肤和黏膜消毒。皮肤消毒用5%的溶液，奶水牛乳头消毒用0.5%～1%的溶液浸泡，黏膜及创面冲洗用0.1%的溶液。

5. 高锰酸钾　为强氧化剂，有收敛作用。常以0.1%～0.2%的水溶液冲洗创伤或灌洗腔道黏膜。

6. 鱼石脂　可溶于水，对局部有温和刺激、防腐等作用，口服有制酵作用。常以10%～30%的软膏涂抹皮肤局部，用于消炎和治疗慢性皮肤病。

7. 甲紫（龙胆紫、结晶紫）　对革兰氏阳性菌有选择性抑制作用，对皮肤癣菌、念珠菌、绿脓杆菌也有抑制作用。常以1%～3%紫药水涂擦皮肤黏膜的烫伤、创面和湿疹。

四、畜禽生产群控制——检疫和隔离

牛场若需外引牛只，必须到当地动物卫生监督机构申报，不得到疫区购买。牛只经卖出地动物卫生监督机构检疫合格后，方可调运。牛购入后，应在隔离区实施口蹄疫免疫，隔离观察饲养45 d后，确认无疫，经全身喷雾消毒后方可进入饲养区。

本场内发生动物疫病，属于非传染病的应在治疗区单独饲养、治疗，对诊断疑似传染病的，必须移到隔离区观察治疗，不能与健康牛混养。

隔离区必须坚持每天消毒两次以上。

五、控制饲料质量，加强饲养管理

避免使用动物源成分饲料，防止害虫入侵饲料，保证饲料质量；运送要在围栏/墙外或大门口进行，杜绝运送饲料的车辆进入生产区；定期对料塔（饲料库/容器）清理和消毒。

建立科学的人员分工：饲养员、兽医、采购员、监督员、工勤人员等。

建立各项工作的管理制度：养殖场生产管理、卫生防疫管理、药物管理、饲料管理、有毒有害物质的处理管理制度。对水牛适时分群饲养，加强饲养管理。

六、免疫制度

免疫是保护易感动物免受传染病侵害最有效的措施。目前，针对水牛实施疫苗免疫的主要传染病有口蹄疫、牛出血性败血症（牛出败）、气肿疽等。根据国家动物传染病防治规划，在布鲁氏菌病一类地区，对牛羊（不包括种畜）进行布鲁氏菌病免疫；种畜禁止免疫；奶畜原则上不免疫，确需实施免疫的，按照《国家布鲁氏菌病防治计划》要求执行。在布鲁氏菌病二类地区，原则上禁止对牛羊免疫；确需实施免疫的，按照防治计划要求执行，出现阳性均进行扑杀、无害化处理。对于大肠杆菌病、炭疽等疫病，不同地域根据需要实施免疫。

表 7 - 1　槟榔江水牛建议免疫程序

疫苗名称	免疫时间	方法、剂量	备　注
气肿疽灭活苗	3 月龄	肌内注射或皮下注射，半剂量	6 个月后加强
口蹄疫灭活苗 A 型＋O 型＋亚 1 型	每年 3 月或 9 月	肌内注射每只 1 mL	6 个月后加强
气肿疽灭活苗	7 月龄	肌内注射或皮下注射，半剂量	6 个月后加强
牛出败灭活苗	8 月龄	肌内注射或皮下注射，半剂量	6 个月后加强

注：1. 免疫后注意观察牛的精神状态，发生急性免疫反应及时用肾上腺素处理。

2. 实施免疫前后 3 d 内，禁用免疫抑制性药物。免疫弱毒活菌苗时，则 3 d 内禁用抗生素。

七、驱虫程序

寄生虫病常以隐性的方式危害动物健康，抑制牛的生长发育，形成消耗性疾病，降低牛的抵抗力和免疫力，继而导致许多并发症和继发病，甚至引起消耗性死亡。每年春秋季，都应对全场牛进行一次集中驱虫，以后根据实际需要及粪检结果，适时驱虫。同时要做好粪便的管理，不能将未腐熟发酵的牛粪施用于农田，不宜用未处理的牛粪施肥生产出的牧草喂牛，减少牛重复感染、交叉感染寄生虫病的机会。

体内寄生虫防治以口服驱虫药和肌内注射方式为主，体表寄生虫防治有体表施药和外病内治（肌内注射和口服）等方式。根据槟榔江水牛喜欢游泳的特性，牛场应设置药浴池，供牛淹没身体抬头通过，用低毒高效杀虫剂杀灭体表寄生虫。

八、疾病观察和疫病监测

（1）驻场兽医要每日早晚全场巡视，进行健康检查，大致了解牛的采食、活动和健康状况，发现可疑牛只，要与饲养员及时了解、核实情况，并采取相应的隔离治疗措施。对疑似重大动物疫病，要立即报告重大动物疫病防治指挥部，并采取封锁、隔离、消毒淘汰乃至扑杀等措施。

（2）饲养员在日常管理中要认真观察饲养的牛群活动状况、采食状况，发现异常应及时报告兽医员。

（3）兽医要积极配合动物防疫监督机构开展口蹄疫、布鲁氏菌病、结核病等传染病的监测，根据防疫工作需要适时采血送检，进行口蹄疫抗体检测，根据结果决定是否采取加强免疫。

九、疫病监测和扑杀

规模牛场尤其是种牛场，要定期（至少1年1次）对口蹄疫、布鲁氏菌病和结核病等重要传染病进行感染检测和抗体评价，肉牛抽检，种牛则要每头检测。对寄生虫病的感染情况和驱虫效果进行评价，以便为免疫程序和驱虫方案修订提供参考。及时发现阳性牛并进行扑杀处理，病死牛尸体深埋或者焚烧。病牛的分泌物、呕吐物、排泄物要进行无害化处理。

十、无害化处理

牛发生死亡，无论是疫病死亡还是其他非正常死亡，都必须进行无害化处理，禁止买卖和食用。养牛场应设有无害化处理设施。当牛发生死亡后，驻场兽医必须对牛死亡情况进行记录，写明死亡时间、死亡原因、处理方式、处理人、证明人。同时报告当地兽医部门核实。进行无害化处理前须对死亡照片和无害化处理照片备案。对死亡牲畜现场和处理通道要进行全面消毒。

第二节　主要传染病的防控

南方水牛常见的传染病主要有口蹄疫、病毒性腹泻等病毒性传染病，以及出血性败血症、气肿疽和布鲁氏菌病等细菌性传染病。

一、口蹄疫

(一) 病原

口蹄疫是由口蹄疫病毒引起的急性、热性、高度接触传染的烈性传染病，被 OIE 列为一类传染病，所有偶蹄动物为易感动物，其中以牛最易感。

(二) 流行病学

病毒主要存在于病畜的水疱皮和水疱液中，发病期病畜的乳汁、尿液、口涎、眼泪、粪便都带毒，病初排毒能力很强，病牛痊愈后 2～3 个月，还可排毒。有的牛甚至排毒半年以上。因此，病畜和潜伏期的带毒家畜是最危险的传染源。本病经直接接触或间接接触传染，传染的主要途径是消化道，其次是黏膜和皮肤，呼吸道也能传染。本病在南方流行无明显的季节性，一年四季均可发病。雨季发病时因粪污污染，控制较为困难。目前在我国南方较流行的是 A 型和 O 型病毒，亚 1 型已不多见。

(三) 临床症状

牛的潜伏期 2～4 d，最长 7 d。初期体温升高到 40～41 ℃，精神沉郁，流涎，1～2 d 后，口腔黏膜、舌面出现水疱，流涎增多，呈白色泡沫挂嘴边，采食、反刍停止。水疱经一昼夜破裂，形成周围整齐的烂斑，体温逐渐正常，全身状况渐好转。口腔发生水疱的同时或稍后，趾间和蹄冠皮肤也产生水疱，并很快破烂渐愈合。若护理不当，会继发感染甚至蹄匣脱落。本病呈良性经过，一般一周左右可自愈；若出现蹄部病变时，可延迟 2～3 周或更久。一般死亡率不超过 2%。犊牛发生口蹄疫时，易呈现出血性胃肠炎和心肌炎，死亡率很高。

(四) 防控

本病主要采取免疫防控，5 月龄的犊牛进行 A 型＋O 型＋亚 1 型口蹄疫三价苗首次免疫，1 个月后进行一次加强免疫，以后每半年免疫一次，可以预防本病。

发生疫情后，必须立即报告当地动物防疫监督机构，按照"早、快、严、小"立即采取封锁、隔离、消毒措施，按规定对病畜进行无害化处理，对周边受威胁区实施紧急免疫。疫区封锁必须在最后一头病畜痊愈或扑杀后 14 d，经全面终末消毒后，方能解除封锁。

二、病毒性腹泻（黏膜病）

（一）病原

牛病毒性腹泻是由牛病毒性腹泻病毒 1 型和 2 型引起的一种急性、热性传染病，以腹泻和整个消化道黏膜坏死、糜烂、溃疡为主要特征。该病毒主要分布于病畜的血液、精液、脾、骨髓、肠淋巴结、妊娠动物胎盘等组织器官及呼吸道、眼、鼻分泌物中，可经胎盘垂直传播。

（二）流行病学

本病易感动物有黄牛、水牛、绵羊、山羊、猪、兔等动物，各年龄的牛对本病易感，以 6～18 月龄居多。患病牛及康复后带毒牛（可带毒 6 个月）是主要传染源。本病经患畜的粪、尿、乳、精液以及其他分泌物排出，经消化道和呼吸道感染。本病呈地方性流行，常年均可发生，多见于冬春季。发病率5%，病死率90%～100%。

（三）临床症状

本病潜伏期 7～14 d，分急性和慢性两种。急性病例突然发病，体温升至40～42 ℃，持续 4～7 d 呈双相热。病牛精神沉郁，厌食，鼻、眼有浆液性分泌物，2～3 d 内鼻镜及口腔黏膜表面糜烂，舌面上皮坏死，流涎，呼出恶臭气体。随后开始严重腹泻，有黏膜和血。慢性病例很少出现明显发热症状，常出现鼻镜糜烂，眼浆液性分泌物，齿龈发红。常发生蹄叶炎及趾间糜烂。通常皮肤呈皮屑状，以鬐甲、颈部及耳后最为明显。多数患畜在 2～6 个月内死亡。妊娠母牛流产或产下共济失调犊牛。

本病的主要病理变化在消化道和淋巴组织。鼻镜、鼻孔黏膜、口腔黏膜、舌面有糜烂及溃疡，甚至喉头黏膜弥散性坏死。特征性损坏是食管黏膜糜烂，出现大小不等直线排列的烂斑。皱胃水肿糜烂，肠壁增厚，肠淋巴结肿大，小肠、大肠急性卡他性炎症，有不同程度的溃疡和坏死。流产胎儿口腔、食管、

气管可见有血斑和溃疡。

（四）防控

目前采取的方法是淘汰所有与该病有关的牛（康复牛、隐性感染牛以及隐性感染母牛所产犊牛），检疫筛查可能出现的阳性牛。本病尚无有效疗法，只是采取补液、强心、止泻、防止细菌感染等措施。常用 5％的葡萄糖生理盐水、5％的碳酸氢钠 300～600 mL、洋地黄等补液强心；碱式硝酸铋 15～30 g 作肠保护收敛剂；环丙沙星、庆大霉素、头孢类、磺胺类等抗生素防止继发感染。

三、出血性败血症

（一）病原

牛出血性败血症是由多杀性巴氏杆菌引起的一种急性败血症和组织器官出血性炎症。巴氏杆菌革兰氏染色阴性，不形成芽孢；对理化作用抵抗力不强；干燥空气中 2～3 d 死亡，排泄物和分泌物中可生存 6～10 d，腐尸中可生存 1～6 个月；一般消毒药数分钟可将其杀灭。

（二）流行病学

巴氏杆菌常存在于健康动物的呼吸道，呈健康带菌状态。当气候环境变化，机体抵抗力下降时，病菌就会经淋巴液进入血液引起败血症。患病动物体液、分泌物、排泄物是传染源。本病主要经消化道传染，也可经呼吸道飞沫传染，皮肤黏膜伤口以及蚊虫叮咬也能传播本病。

（三）症状

常以高热、肺炎、急性肠炎和内脏广泛出血为主要特征。潜伏期 2～5 d。

1. 败血型　病初体温升高至 41～42 ℃，精神沉郁，结膜潮红，食欲废绝，反刍停止，随后腹痛、下痢，初为粥状，后混黏液和血液，有恶臭。一般 12～24 h 内虚脱死亡。

2. 浮肿型　病牛头颈和胸前及全身水肿，水肿部初热，后凉，指压有压痕。口腔黏膜红肿，舌肿大，吞咽和呼吸困难，窒息而死。病程 12～36 h。

3. 肺炎型　表现纤维素性胸膜炎及肺炎，病牛呼吸困难，干咳，鼻孔流出泡沫鼻液，后呈脓性。胸部叩诊有浊音，牛有疼痛感。有的病牛还出现肠炎症状。病程 3～7 d。

病理剖检：内脏器官充血，黏膜、浆膜有出血点，淋巴结水肿，胸腹腔有大量渗出液。水肿部位切开流出深黄色透明液体。有纤维素性胸膜炎及肺炎，呈肝变或干酪样坏死灶。

（四）防控

预防本病主要是加强消毒，加强饲养管理，提高牛的抵抗力，同时定期进行牛出败氢氧化铝菌苗免疫接种。发生本病立即隔离治疗，可用磺胺以及青霉素、链霉素、恩诺沙星等抗生素治疗。

四、布鲁氏菌病

布鲁氏菌病是牛的一种慢性传染病，也是一种重要的人畜共患病。病原主要侵害生殖系统和关节。牛感染后，以母牛发生流产和公牛发生睾丸炎、腱鞘炎和关节炎为特征。本病主要通过采食被污染的饲料、水经消化道感染。经皮肤、黏膜、呼吸道以及生殖道（交配）也能感染。与病牛接触、加工病牛肉而不注意消毒的人也易感染本病。布鲁氏菌对热敏感，一般消毒液均能将其杀死。本病不分性别、年龄，一年四季均可发生，呈地方性流行。新疫区常使大批妊娠母牛流产；老疫区流产减少，但关节炎、子宫内膜炎、胎衣不下、屡配不孕、睾丸炎等逐渐增多。

防控要点：严格执行隔离、检疫和淘汰措施。监测比例为：种牛、奶水牛100%，规模化养殖场肉牛 10%，其他牛 5%，疑似病牛 100%。本病尚无特效的药物治疗，只有加强预防检疫。肉用牛每年抽检，种用牛每只都检，将检疫阳性牛扑杀处理，最终建成无病群。我国有些省份属于控制区和疫区（一类、二类地区），实行监测、扑杀和免疫相结合的综合防治措施，可用 S2 株、M5 株、S19 株布鲁氏菌病疫苗等。云南省属于非疫区，不得免疫接种疫苗。

五、结核病

（一）病原

结核病是由结核分支杆菌引起的慢性传染病。

（二）流行病学

人、牛、禽均可发病。家畜中以牛（特别是奶水牛）最易感。主要经呼吸道感染，也可通过消化道（见于犊牛）感染。畜舍拥挤、阴暗、潮湿、污秽不洁，过度使役和挤乳，饲养不良等，均可促进本病的发生和传播。

（三）症状

临诊主要表现为渐进性消瘦，以频咳、呼吸困难及体表淋巴结肿大为特征，产奶量下降，体温正常或稍微升高。多数病例在胸膜上有结节，严重病例肝、肾及脾脏上都有许多结节，有时可侵及全身所有淋巴结。骨及乳房上的病灶很少见。

（四）防控

防治要点：严格执行隔离、检疫和淘汰措施。发现患有本病或疑似本病后应立即报告有关单位，隔离消毒、封锁疫区。加强饲养管理。产前及产后加强环境和母畜自身的消毒，保持清洁卫生。每年在牛左耳根外侧皮内注射，用结核菌素试验（PPD，用牛型提纯结核菌素稀释后，经皮内注射 0.1 mL，72 h 判定反应，局部有明显的炎性反应，皮厚差不小于 4 mm 者即判为阳性牛）。但是，PPD 试验结果与活体解剖符合率低，因副结核杆菌感染等假阳性造成错杀的可能性大。建议国产 PPD 试验阳性牛和可疑牛应用 γ-干扰素试验（检测费用高）确诊，对阳性牛再扑杀。病牛所产犊牛吃完 3 d 初乳后，应找无病的保姆牛喂养或喂消毒奶；假定健康牛，每隔 3 个月检查一次。

六、气肿疽

（一）病原

俗称黑腿病或鸣疽，是由气肿疽梭菌引起的反刍动物的一种急性败血性传染病。

（二）流行病学

多发于黄牛、水牛、奶水牛、牦牛。发病年龄为 0.5～5 岁，尤以 1～2

岁多发，死亡居多。呈地方性流行。有一定季节性，夏季多发。突然发病，体温升高，跛行，食欲和反刍停止。不久会在肌肉丰满处发生炎性肿胀，初热而痛，后变冷，触诊时肿胀部分有捻发音。肿胀部位穿刺或切面有黑红色液体流出，并有特殊臭味。严重者呼吸困难，体温下降，心力衰竭而死亡。

（三）诊断

根据流行特点、典型症状及病理变化可作出初步诊断。其病理诊断要点为：丰厚肌肉切面呈海绵状，且有暗红色坏死灶和含泡沫的红色液体流出，并散发酸臭味。丰厚肌肉部呈气性坏疽和水肿，有捻发音。

（四）防控

防治要点：做好消毒等卫生措施，定期接种疫苗。注射抗气肿疽血清等予以治疗。死牛不可剥皮食肉，宜深埋或销毁。

第三节　主要寄生虫病的防控

牛寄生虫感染一般呈慢性经过，能使多数牛发病，除某些寄生虫病可造成牛的大批死亡外，大多都属于慢性、消耗性疾病，死亡率较低，严重者才导致死亡，若疏于防控，可给养牛业带来严重的经济损失。

一、牛捻转血矛线虫病

牛捻转血矛线虫是最常见、最典型和危害较大的消化道线虫，寄生于牛的皱胃及小肠中，大量吸取牛的血液（据试验，2 000 条虫体寄生时，每天吸血可达 30 mL），使牛贫血、消化紊乱、消瘦、水肿、下痢，常因极度虚弱而死。

防治要点：预防此虫须注意放牧和饮水卫生，粪便堆积发酵处理，每年进行放牧前和放牧后的两次定期全群驱虫。

治疗：丙硫苯咪唑，每千克体重 5～10 mg，左旋咪唑每千克体重 6～8 mg，噻苯唑每千克体重 30～70 mg，一次口服；伊维菌素或阿维菌素，每千克体重 0.2 g，1 次口服或皮下注射。

二、犊新蛔虫病

犊新蛔虫寄生于 5 月龄以内犊牛的小肠内，引起以肠炎、下泻、腹部膨大和腹痛等消化道症状为特征的寄生虫病。该病常可引起犊牛的死亡，严重危害养牛业。犊新蛔虫分布很广，遍及世界各地，在我国多见于南方各地的水牛犊牛。

防治要点：对犊牛进行预防性驱虫是预防本病的重要措施，尤其是 15～30 日龄的犊牛，感染牛排出的虫卵可以污染环境，导致母牛感染。其他防治方法与捻转血矛线虫病相同。

三、肝片形吸虫病

肝片形吸虫病主要是由大片形吸虫和肝片形吸虫寄生于牛肝脏和胆管中，引起急性或慢性肝病和胆管病，伴有全身性中毒和营养障碍。该病呈世界性分布，在中国很普遍，呈区域性流行。肝片吸虫也会感染人。病初时牛发热、衰弱，易疲劳，离群，迅速发生贫血，黏膜苍白，严重感染牛多在几天内死亡。转为慢性时，病牛主要表现贫血症状，黏膜显著苍白，食欲不振，异嗜，高度消瘦，毛干易落，步行缓慢，眼睑、颌下水肿。母牛乳汁稀薄，妊娠牛往往流产，最终衰竭死亡。一头牛感染 250 条以上成虫，一般出现症状，笔者曾在一头牛中检出 460 条成虫。

防治要点：重视检测和驱虫效果评价，牛粪便堆积发酵处理。1：50 000 浓度的硫酸铜或茶籽饼液灭螺。避免在有螺的地方放牧。不仅要进行驱虫，还应注意对症治疗，尤其对体弱的重症牛。

治疗：三氯苯哒唑、硫双二氯酚（别丁）、硝氯酚、碘醚柳胺、吡喹酮和丙硫苯咪唑等，按说明书剂量口服。

四、前后盘吸虫病

前后盘吸虫病是由前后盘科的多种前后盘吸虫寄生在反刍动物的瘤胃和网胃壁上引起的吸虫病。成虫附着在网胃，致病力不强，有些地方感染强度很高，引起牛只精神差、食欲减退、水肿、贫血、顽固性下痢，严重者粪便恶臭、混有血液等，胸垂部和下颌间水肿，消瘦，体温一般正常；童虫寄生于胃肠壁，感染非常严重时，可引起严重疾病甚至死亡。

防治要点：与肝片形吸虫病相似。

五、莫尼茨绦虫病

病原莫尼茨绦虫寄生于牛、绵羊、山羊、鹿等的小肠中，分布于世界各地，我国各地均有报道。该病多呈地方性流行，主要危害羔羊和犊牛。病畜表现消化不良，腹泻，有时便秘，粪便中混有绦虫的孕卵节片。病后期病畜不能站立，经常做咀嚼样动作，口周围有泡沫，有时有肌肉抽搐和痉挛等神经症状；有时因虫体过多、聚集成团，发生肠阻塞、肠套叠、肠扭转，甚至肠破裂，病畜精神极度萎靡，衰竭而死。

防治要点：成年牛与犊牛分群饲养，到清洁牧地放牧犊牛。避免到潮湿和有大量地螨的地区放牧，也不要在雨后或有露水时放牧。注意牛舍卫生，对粪便和垫草要充分堆肥发酵，杀死粪内虫卵。污染的牧地一般空闲两年后可再放牧。人工草场经几年耕种后可减少地螨，有利于本病的预防。治疗可用氯硝柳胺、硫双二氯酚、吡喹酮和丙硫苯咪唑等，按说明书剂量驱虫，2～3周后可再进行2次驱虫。

六、脑包虫病

由多头绦虫的幼虫——多头蚴寄生在牛、羊的脑部所引起的一种慢性、消耗性的脑病，成虫寄生在犬、狐等肉食动物的小肠内。病牛烦躁不安，或者精神沉郁，对外环境刺激无反应，体温升高不明显，食欲废绝，行走时摇摆不定，也有出现转圈运动。有的卧地不起，有的站立不动，病牛常因极度虚弱而死。

防治要点：注意消灭或避免接触野犬和狼等终末宿主；对家犬应定期驱虫，选用硫双二氯酚、丙硫苯咪唑或氢溴酸槟榔碱等驱虫；妥善处理好病变部位（主要是多头蚴的囊泡），以免犬等肉食动物食入，进入其体内发育为成虫，导致虫卵随粪便污染环境。

在确定好多头蚴寄生部位的基础上进行手术摘除，手术风险较大。或者采用丙硫苯咪唑，按说明书剂量进行保守治疗。

七、细颈囊尾蚴病

细颈囊尾蚴主要寄生于黄牛和水牛的肝脏浆膜、网膜及肠系膜引起牛发病。该病可使犊牛生长发育受阻，体重减轻，大量感染时可因肝脏严重受损而导致死亡。其成虫寄生于犬、狼、狐等肉食动物的小肠内。

防治要点：对含有细颈囊尾蚴的牛、羊和猪的脏器应进行无害化处理，未经煮熟严禁喂犬。在该病的流行地区应用吡喹酮或丙硫咪唑给犬进行驱虫。做好饲料、饮水及圈舍的清洁卫生工作，防止被犬粪污染。

治疗可用吡喹酮、丙硫咪唑或甲苯咪唑等，按说明书剂量口服。

八、螨病

螨病是疥螨和痒螨寄生在动物体表而引起的慢性寄生性皮肤病。螨病又叫疥癣、疥疮、疥虫病等，具有高度传染性，发病后往往蔓延至全群。虫体抵抗力强，难以灭除，10～21 d完成一个发育周期。该病危害十分严重，开始于牛的头部、颈部、背部、尾根等被毛较短的部位，严重时可波及全身。患部发痒，以致牛摩擦和啃咬患部，造成局部脱毛，皮肤损伤、破裂，流出淋巴液，形成痂皮。痂皮脱落后遗留下无毛的皮肤，皮肤变厚，出现皱褶、龟裂，病变向四周延伸。病牛食欲减退，渐进性消瘦，生长停滞。

防治要点：加强检疫工作，对新购入的家畜应隔离检查后再混群；保持圈舍卫生、干燥和通风良好，定期对圈舍和用具清扫和消毒；对患畜应及时治疗；可疑患畜应隔离饲养；治疗期间，应注意对饲管人员、圈舍、用具同时进行消毒，以免病原散布，不断出现重复感染。流行地区每年定期药浴，可取得预防与治疗的双重效果。

病畜数量多且气候温暖的季节，可用药浴法预防本病。药液可选用0.025%～0.03%的林丹乳油水溶液、0.05%的蝇毒磷乳剂水溶液、0.5%～1%的敌百虫水溶液、0.05%的辛硫磷油水溶液等。

病畜数量少、患部面积小时，可用5%的敌百虫溶液和克辽林擦剂涂药治疗，但每次涂药面积不得超过体表的1/3。也可选用伊维菌素或阿维菌素，按说明书剂量使用，此类药物对螨病以及其他节肢动物疾病和大部分线虫病均有良好疗效。

九、血虱病

牛虱终生寄生在牛体表，以吸吮牛血营生，成熟的雌虱3—4月在牛体上产卵，附着在牛毛上。卵一般经2周孵出幼虱，幼虱蜕皮3次变为成年虱。本病主要通过直接接触传染，也可通过用具及垫草传染。在饲养不良以及环境不卫生的情况下常有血虱病发生。病牛被毛脱落，皮肤发痒、发炎，并出现小结节和小出血点，贫血，消瘦。见到牛体表的虱和虱卵即可确诊该病。

防治要点：加强饲养管理，保持牛舍清洁、干燥、明亮、通风良好。发现购入牛有虱，应隔离治疗。

治疗：伊维菌素，按说明书剂量皮下注射。1%敌百虫溶液喷洒牛体，隔1～2周后再喷洒1次，以消灭从卵里孵出的幼虱。烟叶1份，水20份，熬成浓汁涂擦患部。

十、焦虫病

焦虫病是以蜱为媒介而传播的一种虫媒传染病，也称为牛巴贝斯虫病。虫体寄生于黄牛、水牛和奶水牛的红细胞内，主要临床症状是高热贫血或黄疸，反刍停止，泌乳停止，食欲减退，初便秘后腹泻，血液稀薄，排恶臭的褐色粪便及特征性的血红蛋白尿，消瘦严重者则造成死亡。此病以散发和地方流行为主，多发生于夏秋季节，以7—9月为发病高峰期。有病区当地牛发病率较低，死亡率约为40%；由无病区引进有病区的牛发病率高，死亡率可达60%～92%。

防治要点：有蜱的地区，牛舍应定期灭蜱。对牛体表的蜱要定期喷药或药浴。不要到有蜱的牧场放牧，且避开蝗虫繁殖季节。发病季节前，定期用药物预防。

治疗原则：早发现，早治疗。药物可选用贝尼尔、黄色素、阿卡普林和咪唑苯脲等，按说明书剂量肌内注射或者静脉注射。同时采用对症疗法，甚至可应用输血疗法，效果更好。

十一、球虫病

（一）病原

球虫病是由艾美耳属的几种球虫寄生于牛肠道引起的以急性肠炎、血痢等为特征的寄生虫病。

（二）症状

牛球虫病多发生于犊牛。急性病例表现为出血性肠炎、腹痛，血便中常带有黏膜碎片。约1周后，当肠黏膜破坏而造成细菌继发感染时，病牛体温可升高到40～41℃，前胃弛缓，肠蠕动增强、下痢，多因体液过度消耗而死亡。慢性病例则表现为长期下痢、贫血，最终因极度消瘦而死亡。

（三）防治

（1）犊牛与成年牛分群饲养，以免球虫卵囊污染犊牛的饲料。

（2）舍饲牛的粪便和垫草须集中消毒或堆肥发酵，发病时可用1％的克辽林对牛舍、饲槽消毒，每周一次。

（3）被粪便污染的母牛乳房在哺乳前要清洗干净。

（4）添加药物预防，如氨丙啉，按0.004％～0.008％的浓度添加于饲料或饮水中；或莫能霉素按每千克饲料添加0.3 g，既能预防球虫又能提高饲料报酬。治疗可选用莫能菌素、氨丙啉、磺胺二甲嘧啶或盐霉素，按说明书剂量，连用7 d。

第四节　常见普通病的防控

由于饲养管理不当，槟榔江水牛场也常导致一些普通病的发生，如内科病、外科病、产科病及中毒性疾病等，多为零散发生，但有时由于牛误食某些有毒牧草和化学毒物，也可引起大批死亡，造成经济损失。

一、口炎

（一）病因

牛多因采食粗硬的饲料，食入尖锐异物或谷类的芒刺，或者误食生石灰、氨水和高浓度刺激性的药物，或者长期饲喂发霉的饲草而引起霉菌性口炎。病牛表现为小心咀嚼，严重时不能采食；唾液多，呈丝状带有泡沫从口角中流出。口腔内温度高，黏膜潮红肿胀，舌苔厚腻，气味恶臭，有的口腔黏膜上有水疱或水疱破溃后形成溃疡。

（二）防治要点

除去病因，加强管护，投喂柔软易消化的饲料。

可用 1％的食盐水、2％～3％的硼酸液或 2％～3％的碳酸氢钠溶液冲洗口腔，一日 2～3 次。口腔恶臭可用 0.1％的高锰酸钾液洗口。口腔分泌物过多时，可用 1％的明矾液或 1％的草鞣酸液洗口。口腔黏膜溃烂或溃疡的病牛，洗口后可用碘甘油或 10％的磺胺甘油乳剂涂抹，每日 2 次。也可用青霉素 1 000 IU 加适量蜂蜜，混匀后涂患部，每日数次。

病牛体温升高，不能采食时，静脉注射 10％～25％的葡萄糖液 1 000～1 500 mL，结合青霉素或磺胺制剂疗法等，每日 2 次经胃管投入流质饲料。

二、食管梗阻

（一）病因

牛食管梗阻多由饲料管理不当，饲料贮存保管散乱或放牧于未收净的块根、块茎地等引起，但有的是由牛盗食未经粉碎或饲喂粉碎不全的块根及块茎饲料所造成。病牛表现为烦躁不安，拒食，头颈伸直，大量流涎，甚至吐出泡沫黏液和血液，有的甚至窒息死亡。

（二）防治要点

可根据梗阻部位、梗阻物大小及梗阻物在食管上能否移动等具体情况，采取相应的治疗措施。梗阻物能从外部推送到咽部时，可慢慢向咽部推送，直至由口腔取出；食管深部梗阻时，由于无法推送到咽部，可采取向胃内推送法、打气法、打水法或扩张法送入胃内。当梗阻物在食管上部固定得紧密，无法移动时，可采取砸碎法、针刺划碎法或食管切开法取出。

三、前胃弛缓

（一）病因

多因饲养不良或劳役过度，病牛耗损气血，致使脾胃虚弱，久则日渐消瘦。初期饮欲减少，反刍不足（低于 40 次），嗳气酸臭，口色淡白，舌苔黄白，常常磨牙，粪便迟滞，其中混有消化不全的饲料，往往被覆黏液。以后排稀粪、味臭，食欲废绝，反刍停止。有的表现时轻时重，病程较长的逐渐形体消瘦、被毛粗乱、眼球凹陷、卧地不起、瘤胃按之松软等。

（二）防治要点

加强饲养管理，变更饲料时要循序渐进，注意精粗比例、矿物质及钙磷比例。禁止在霜雪未化的地方放养。使牛加强运动，及时治疗其原发病。

治疗可先服缓泻、制酵剂，如硫酸镁、龙胆酊、大黄苏打片、松节油、人工盐和酒精等，温水送服。病牛食欲废绝时，可静脉注射 25％的葡萄糖液；防止继发胃肠炎可用黄连素。静脉注射 5％的碳酸氢钠液防止代谢性酸中毒。

四、瘤胃积食

（一）病因

又名瘤胃阻塞，急性瘤胃扩张。舍饲牛易发，是牛贪食大量粗纤维饲料或容易膨胀的饲料引起瘤胃扩张，瘤胃容积增大，内容物停滞和阻塞以及整个前胃机能障碍形成脱水和毒血症的一种严重疾病。伴有异食现象的成年母牛，吃食污秽物、木材、骨、粪便、垫草、牛场上的煤渣、塑料制品及产后吞食胎衣都可引发该病；也可继发于前胃弛缓、瓣胃阻塞、创伤性网胃炎及真胃炎等。

（二）临床症状

病初表现食欲、反刍和嗳气减少或停止，瘤胃蠕动停止，病牛不爱活动，鼻镜干燥，流涎，咬牙，努责，发恶臭的嗳气，少数有呕吐症状。初期有轻度腹痛症状，反复蹲下起来，几小时后消失，常不被饲养人员发现，之后腹围明显增大，且是两侧都增大，瘤胃触诊坚实，排粪见少直到停止。病牛表现退让或发出哼声，呼吸浅表、增快，心率加快，体温正常，有一定的脱水现象，如一周内不见好转，大多数死亡。

（三）防治要点

应加强饲养管理，防止过食，避免突然更换饲料，粗饲料要适当加工软化后再喂；消除病因，增强前胃兴奋性，促进瘤胃内容物转运，防止脱水与自体中毒。

1. 按摩疗法 在牛的左肷部用手掌按摩瘤胃,每次 5～10 min,每隔 30 min 按摩一次。结合灌服大量温水,效果更好。

2. 腹泻疗法 硫酸镁或硫酸钠 500～800 g,加水 1 000 mL,液状石蜡或植物油 1 000～1 500 mL,给牛灌服,加速排出瘤胃内容物。

3. 促蠕动疗法 可用 10% 的高渗氯化钠 300～500 mL 静脉注射,同时用新斯的明 20～60 mL,肌内注射能收到好的治疗效果。

4. 洗胃疗法 用直径 4～5 cm、长 250～300 cm 的胶管或塑料管一根,经牛口腔导入瘤胃内,然后来回抽动,以刺激瘤胃收缩,使瘤胃内液状物经导管流出。若瘤胃内容物不能自动流出,可在导管另一端连接漏斗,向瘤胃内注温水 3 000～4 000 mL,待漏斗内液体全部流入导管内时,取下漏斗并放低牛头和导管,用虹吸法将瘤胃内容物引出体外。如此反复,即可将内容物洗出。

5. 支持和改善疗法 25% 的葡萄糖液 500～1 000 mL,复方氯化钠液或 5% 的糖盐水 3～4 L,5% 的碳酸氢钠液 500～1 000 mL 等,一次静脉注射。灌服大黄苏打片、鱼石脂、陈皮酊、液状石蜡和酵母粉等。

6. 切开瘤胃疗法 重症而顽固的积食,应用药物不见效果时,可行瘤胃切开术,取出瘤胃内容物。

五、瘤胃臌气

(一)病因

也称为瘤胃臌胀,是由反刍动物支配前胃神经的反应性降低、收缩力减弱导致。大量采食幼嫩多汁且易发酵的苜蓿、紫云英、三叶草、豌豆藤等豆科作物及其他潮湿的青草、霜冻的牧草和腐败发酵的青贮饲料等可引起该病,食管梗阻、前胃弛缓、创伤性网胃炎及腹膜炎等也常继发瘤胃臌胀。上述饲草在瘤胃内迅速发酵,产生大量的气体,引起瘤胃和网胃急剧臌胀。病牛精神不安、呆立拱背、呼吸困难,回头观腹,后肢踢腹,食欲废绝,眼结膜充血、发绀,眼球突出;反刍与嗳气很快停止,腹围急剧增大,左肷部突出,触诊有弹性。瘤胃叩诊呈鼓音。重症后期口吐白沫,很快窒息死亡。

(二)防治要点

加强饲料保管,防止饲料发霉变质,豆饼等应浸泡后再喂。合理搭配日粮，保证矿物质、维生素的供应，增强抵抗力；加强饲养管理，防止牛贪食幼嫩多汁的豆科牧草，尤其是转为放牧时，应先喂些干草或粗饲料，适当限制在牧草幼嫩繁茂的牧地或霜露浸湿的牧地的放牧时间。

轻症病牛可把它牵到斜坡上，使病牛前高后低站立，将涂有松节油或大酱的小木棒横衔口中并用绳固定于角上，使其张口不断咀嚼，加速嗳气。

重症病牛要尽快插入胃管排气，或用套管针在左肷窝部进行瘤胃穿刺放气急救。放气应缓慢进行，否则会发生脑贫血而昏迷。放气后，可从套管内注入 15～20 mL 来苏儿或 10～15 mL 福尔马林并加适量水，以抑制发酵产气的继续。

可用克辽林，加水 10 倍，一次性灌服；菜油 100 mL 混合适量烟丝一次灌服，或用 75% 酒精 10 mL 加鱼石脂 5 g 混水一次灌服，并用手按摩左腹部帮助排出气体。病重危险者可用 16 号针头穿刺缓慢放气。穿刺排气拔出套管针后，要立即在穿刺部位用碘酒彻底消毒。

泡沫性瘤胃臌胀，可一次服用豆油、棉籽油、葵花籽油、花生油等中的任一种油，或液状石蜡 250～500 mL；也可一次内服 2% 二甲基硅煤油液 100～150 mL；或一次内服二甲基硅油 10～15 g 并灌饮温水适量；或一次内服碳酸钠 60～90 g（用水化开）、植物油 250～500 mL，都有很好疗效。

加速排出瘤胃内容物和抑制瘤胃内容物发酵时，可一次内服硫酸镁 500～800 g，或人工盐 400～500 g、福尔马林 20～30 mL，加水 5～6 L；亦可一次内服液状石蜡 1～2 L、鱼石脂 10～20 g，加温水 1～2 L，效果都很好。制止瘤胃内容物发酵还可用以下方法：一次内服烟叶末 100 g、菜油 250 mL、松节油 40～50 mL，加水 500 mL，服用 30 min 左右即可见效；豆油脚 250～500 mL，加水冲服；熟石灰 100～150 g，菜油 250 mL，先将油煮沸，后加入石灰去沫，晾温后灌服。

为恢复瘤胃机能，可用兴奋瘤胃蠕动药。一次内服苦味酊 60 mL、稀盐酸 30 mL、番木鳖酊 15～25 mL、酒精 100 mL、自来水 500 mL；或皮下注射 20～60 mg 新斯的明，每隔 2～3 h 注射一次；或皮下注射一次扁豆碱 30～50 mL；或皮下注射盐酸毛果芸香碱 40～60 mg，都有较好效果。

奶水牛气胀消除后，当日勿喂或少喂，待反刍正常，再恢复常量，要饮以温水。病初期停食 1～2 d，以后饲喂优质干草和易消化的饲料，要少量多次，多饮清水。

六、创伤性心包炎

(一) 病因

又称牛创伤性网胃腹膜炎、创伤性消化不良，指由于金属异物（针、钉、铁丝等）混杂在饲料中，被误食落入网胃，刺伤胃壁，导致急性或慢性前胃弛缓、瘤胃周期性臌气、消化不良，并因异物穿透网胃刺伤腹膜，引起急性或慢性局限性损伤腹膜炎的疾病。有时异物可穿透膈，伴发创伤性心包炎和心肌炎。患畜食欲和反刍减少，表现拱背、呻吟、消化不良、胸壁疼痛、间隔性臌胀、下颌水肿等。用手捏压肩胛部或用拳头顶压剑状软骨左后方，患畜表现疼痛、躲避。站立时外展，下坡、转弯、走路、卧地时表现缓慢和谨慎（上坡时不明显），起立时多先起前肢（正常情况下先起后肢），如刺伤心包，脉搏、呼吸加快，体温升高。

(二) 防治要点

治疗一般是用对症疗法和手术疗法，前者效果不明显，后者较麻烦。强力取铁器配合磁笼使含铁异物慢慢被吸入笼内而起治疗作用。大剂量应用抗生素或磺胺类药物，控制炎症和继发感染。

七、胃肠炎

(一) 病因

牛胃肠炎是胃和肠道黏膜及其深层组织严重的急性炎症。主要病因是：饲养不当、草料发霉、加工调制不合理或突然变更饲料以及过劳、感冒等。可继发于某些传染病、寄生虫病等。病牛精神不振，喜卧，食欲减退甚至不食，饮水量增大；反刍停止，磨牙；体温升高，多为中热；脉搏、呼吸加快，结膜潮红；有时出现腹痛，腹围紧缩；腹部触诊较敏感；腹泻，粪便稀薄，混有黏液、血液及脱落的坏死组织碎片等，恶臭难闻，尿少色黄。

(二) 防治要点

加强饲养管理，喂给优质饲料，合理调制饲料，变更饲料应循序渐进，防止过劳或感冒，及时治疗各种易继发胃肠炎的原发病。

除去病因，加强护理，禁食 1～2 d 后，给予容易消化草料。在病初，粪便并不畅通时，应用硫酸钠、硫酸镁或人工盐清理胃肠。当肠内容物基本排空，但仍腹泻不止时，可用 0.1% 的高锰酸钾液、草木灰和鞣酸蛋白等进行止泻。在整个治疗过程中，用抗生素消炎，补充体液，解除酸中毒并改善胃肠运动机能。病牛恢复期，为促进食欲，恢复胃肠功能，可酌情选用龙胆酊、稀盐酸等药物治疗。

八、乳腺炎

(一) 病因

乳腺炎是奶水牛常见的一种多发性疾病。其发病原因主要是病原菌的侵入造成感染。奶水牛感染乳腺炎的途径有很多，包括外伤、其他细菌性疾病、奶水牛营养失衡、奶水牛自身毒性物质的代谢等，但由这些原因引起的乳腺炎不足其总发病率的 10%，剩下 90% 以上的乳腺炎发病都是由挤奶不当造成的。引起乳腺炎的病原微生物比较复杂，包括细菌、真菌、支原体等 80 多种，葡萄球菌、链球菌和大肠杆菌在临床型乳腺炎中占 70% 以上。

临床表现可分为三种类型。①急性型：特征是乳房红、肿、热、硬、痛，乳汁稀薄，混有粒状絮凝物，或为淡黄清液，混有脓性、血性分泌物并出现不同程度的全身症状。②慢性型：病情较轻，全身症状不明显，仅是乳房有肿块，乳汁清淡、稀薄，有絮状物，产乳量明显下降。一般由急性型治疗不完全转变而来。③隐性型：没有临床表现，乳汁在外观上无明显变化，但可用物理、化学及病理学等方法查出。隐性乳腺炎很容易转变成临床型乳腺炎。无症状的隐性乳腺炎高于临床型乳腺炎，其发病率可占整个牛群的 50%。

对于临床型乳腺炎可通过乳房诊断、乳汁检查进行诊断。对于隐性乳腺炎可采用化学检验方法（CMT）、体细胞检测法等进行诊断。

(二) 防治要点

乳腺炎以预防为主，在奶水牛生产中要注意以下方面：

(1) 牛舍卫生和牛体要保持清洁。

（2）牛床应常年有垫草，这对保护乳房和提高产奶量都很重要。

（3）加强饲养管理。牛舍、运动场要规范化，防止挤、压、碰、撞等对乳房的伤害。

（4）挤奶环节规范化。

① 挤奶员要符合要求，挤奶技术熟练，挤奶前要穿上干净的工作服，先用清水和低浓度的消毒液消毒。一般可采用新洁尔灭、高锰酸钾、84 消毒液等。挤奶员的指甲不能过长，挤奶人员要相对固定，不能频繁更换。

② 清洗乳房要规范化，清洗乳房后要用消毒的毛巾擦拭干净。要做到每头牛都用新毛巾或纸巾。

③ 正式挤奶前一定要挤出开始的 2～3 把奶，盛在专用的容器中，放在一起集中处理。

④ 对乳头进行药浴消毒。常见的消毒药是碘伏。一般药浴后要至少停留30 s，消毒后用干净的纸巾擦干。

⑤ 挤奶时要规范。给奶水牛乳房消毒结束后，要及时套上挤奶杯组，套杯过程中，尽量避免空气进入杯组中，挤奶过程中观察真空杯组稳定情况和挤奶杯组挤奶情况。适当调整挤奶杯组的位置。挤奶时，每分钟挤奶压力控制在10～50 kPa，搏动控制在每分钟 60～80 次。排乳接近结束，先关闭真空模式再移走挤奶杯组。

⑥ 挤奶结束，再次用 0.5% 的碘溶液或 0.1% 的新洁尔灭溶液浸浴乳头。彻底清洗挤奶头。

⑦ 挤奶设备可采用酸碱消毒剂消毒。先清洗挤奶设备，再用配制好的碱性消毒液消毒，接着用配制好的酸性消毒液中和设备中的碱性消毒液，最后用清水冲洗。

⑧ 刚生产过的奶水牛 7 d 内不能上机挤奶，只能人工挤奶。

（5）干奶期对乳房进行预防治疗，能减少下一个泌乳周期乳腺炎的发生。在干奶前最后一次挤奶后，向乳房内注入适量抗菌药物，可预防乳腺炎的发生。一般常将青霉素 80 万～100 万 IU、链霉素 0.5 g 溶于 20～30 mL蒸馏水中，注入乳池内，并用金霉素或土霉素眼药膏 1 支，分别注入 4 个乳头管内，进行封闭。也可直接向每个乳头管内注入金霉素眼药膏 1 支，进行封闭。

（6）干奶前要进行隐性乳腺炎检测，对检测结果不正常的奶水牛，根据实

际情况进行隔离治疗。此外，每个月要进行隐性乳腺炎的检测工作，并做好记录。

（7）治疗

① 早发现，早治疗。在乳腺炎的治疗上，一定要坚持连续 3 d 给药。

② 急性乳腺炎要采取乳房灌注与全身系统治疗同时进行，达到最好的治疗效果。

③ 在病原菌未确定之前，对每个患病乳区，挤奶后经乳头管注入青霉素和链霉素混合液（混合液用 150～200 mL 蒸馏水溶解青霉素 50 万 IU 和链霉素 200 mg），每天 1～2 次。注入后用手捏住乳头基部，向上轻轻按摩，使药液向上扩散。严重病例，可肌内注射青霉素 200 万～240 万 IU，每天 2～3 次。必要时加链霉素、庆大霉素、红霉素等。如果注入青霉素无效时，可注入 0.1% 的雷夫诺尔溶液或 0.1% 的百草宫乳肽 150～200 mL。苏联学者曾提出用蜂胶制剂治疗。日本学者提出用盐酸左旋咪唑治疗慢性乳腺炎。除药物治疗外，还要注意增加挤乳次数，以降低乳房内压和减轻乳腺负担，限制饲喂精料、多汁饲料和饮水，以减少乳汁分泌。

九、感冒

（一）病因

牛感冒是以上呼吸道黏膜炎症为主要特征的急性全身性疾病。本病主要是因饲养管理不当，牛舍条件差，使牛突然受到寒冷的袭击而引起，气候多变时易发，无传染性。病牛精神沉郁，低头眼半闭，眼结膜潮红，羞明流泪。耳夹、鼻端发凉，皮温不匀，体温升高。呼吸、脉搏加速，咳嗽，鼻黏膜充血、肿胀。病初流清涕，病程长者鼻汁浓稠，食欲减少或废绝，反刍减少或停止，鼻镜干燥，磨牙。病情严重时怕冷，拱腰战栗，甚至躺卧不起。肺泡呼吸音增强，有时可听到湿啰音。口舌干燥。瘤胃蠕动音减弱，粪便干燥。

（二）防治要点

加强饲养管理，增加牛的活动。在气候变化时，做好防寒保温工作。

病牛充分休息，保证饮水，喂给易消化的饲料以解热镇痛、祛风散寒为主，同时应防止继发病。内服阿司匹林（乙酰水杨酸）或氨基比林，成年牛

10～25 g；或肌内注射 30％的安乃近或安痛定等。为防止继发感染，应配合应用抗生素或磺胺类药物。发生便秘时，可同时应用缓泻剂；为恢复胃肠机能用健胃剂。

十、食盐中毒

（一）病症

患畜表现口渴、兴奋、肌震颤、惊厥、旋转运动等神经症状。

（二）防治要点

加强饲养管理和保证足够的饮水。治疗宜补充葡萄糖，10％的葡萄糖酸钙500～800 mL，1 次静脉注射，每日 1 次；采用 5％的葡萄糖 1 000～2 000 mL和速尿 20 mL 利尿；肌内注射 25％的硫酸镁 40 mL 解痉；健胃等。

十一、黄曲霉毒素中毒

（一）病因

玉米发霉产生大量黄曲霉毒素，主要损害牛肝脏。

（二）病症

胃部不适、腹胀、厌食、呕吐、肠鸣音亢进、一过性发热及黄疸等。严重者 2～3 周内出现肝脾肿大、肝区疼痛、皮肤黏膜黄染、腹腔积液、下肢水肿、黄疸、血尿等，也可出现心脏扩大、肺水肿、胃肠道出血、昏迷甚至死亡。

（三）防治要点

本病尚无特效疗法，关键在于预防。发病后，应立即停喂发霉饲料，换以优质牧草，根据临床症状及组织病理变化，采用相应的支持疗法对症处理。

急性中毒，可用 0.1％的高锰酸钾溶液进行灌肠、洗胃，后投健胃泻下剂，同时停喂精料，只喂给青绿饲料。待症状转好后再选择添加精料。躁动不安，有神经症状者可给予镇静治疗剂，或按"中毒性脑病"作相应处理。必要时还可根据病畜的体质、经济价值，作适当的泻血和换血疗法。

十二、尿素中毒

（一）病症

牛几乎常为急性，症状常在吃食过多尿素或采食氨含量过多的饲料后30～60 min内发生。氨主要对神经系统损害和对胃肠道刺激。全身肌肉痉挛、哆嗦、呻吟、四肢抽搐、呼吸急促、腹围增大、卧地不起、排尿频繁、后肢踢腹、可视黏膜重度发绀、口吐白沫、呼吸急促、瞳孔增大、腹泻。

（二）防治要点

尿素限量饲喂，最好不超过总日粮的 3%，平均每头每天不超过 150 g。正确的饲喂方法：因尿素吸水性较强，易溶解，分解为氨，所以不要单喂，尿素掺于精饲料中，要充分混匀，喂后 2 h 内不能饮水，犊牛不能用尿素。加强尿素等化肥管理，以防牛误食。

发现牛中毒后，立即灌服食醋或稀醋酸等弱酸溶液。1% 醋酸 1 L，糖 250～500 g，水 1 L；或食醋 500 mL，加水 1 L，1 次内服；或者静脉注射 5% 的硫代硫酸钠。同时应用强心剂、利尿剂和高渗葡萄糖等。

第八章
槟榔江水牛的牛场建设与环境控制

养殖场地的场址选择、规划布局及各类牛舍建筑设计和内部设施是否合理，将直接影响牛场的管理和牛生产性能的发挥。因此，搞好养殖场的场址选择、合理规划布局、科学设计各类牛舍建筑和合理配备内部各种设施，是养好槟榔江水牛，提高其生产性能，保证牛奶质量，取得良好经济效益的关键。

第一节　牛场选址与建设

一、牛场场址的选择

牛场场址的选择要有周密考虑、通盘安排和比较长远的规划，符合当地土地利用发展规划，方便管理，有利于生产，与农牧业发展规划、农田基本建设规划等相结合，科学选址，合理布局。符合兽医卫生和环境卫生的要求，周围无传染源和无人畜地方病。适应现代化养牛业的发展趋势。一般遵循以下原则：

（一）地势

平坦干燥、背风向阳，排水良好；防止被河水、洪水淹没。地下水位要在2 m以下，具有缓坡（坡度一般为1‰～3‰，最大15‰），总的坡度应向南倾斜。牛舍最好选择坐北朝南或东南。山区地势变化大，面积小，坡度大，可以结合当地实际情况而定。

（二）地形

开阔整齐，地面方形最为理想，避免狭长和多边形。必须符合土地管理部门的规划和要求。

（三）水源

牛场用水量大，应有充足并符合卫生要求的水源，取用方便，能够保证生产和生活用水。

（四）土质

牛场选择沙壤土和沙土较适宜，黏土不适宜。沙壤土土质松软，抗压性和透水性强，吸湿性和导热性小，毛细管作用弱。雨水、尿液不易积聚，雨后没有硬结，有利于牛舍及运动场的清洁与卫生干燥，有利于防止蹄病及其他疾病的发生。

（五）交通

交通便利，但与公路主干线距离不小于 500 m。

（六）周边环境

距居民点 1 000 m 以上，且位于下风口，远离其他畜禽养殖场，周围 1 500 m 以内无化工厂、畜产品加工厂、畜禽交易市场、屠宰场、垃圾及污水处理场所、兽医院等容易产生污染的企业和单位，距离风景区、自然保护区以及水源保护区 2 000 m 以上。

（七）气象

要综合考虑当地的气象因素，如最高温度、最低温度、湿度、年降水量、主风向、风力等，减少其对牛的影响。

二、牛场规划应遵循的原则

（1）在满足需要的基础上，要节约用地。

（2）考虑今后的发展，应留有余地。

（3）尽量利用自然条件做好防疫卫生，同时为管理和实现机械化创造方便。

（4）有利于环境保护。

三、牛场的规划布局

牛场一般包括生活管理区、辅助生产区、生产区、粪污处理区和病畜隔离区等功能区。

(一) 生活管理区

包括与经营管理有关的建筑物。应建在奶水牛场上风处和地势较高地段，并与生产区严格分开，设置围墙或绿化带隔离（距离在 50 m 以上）。

(二) 辅助生产区

主要包括供水、供电、供热、维修、草料库等设施，要紧靠生产区。干草库、饲料库、饲料加工调制车间、青贮窖（池）应建在生产区边沿地势较高处。

(三) 生产区

主要包括牛舍、挤奶厅（房）、人工授精室和兽医室等生产性建筑。应设在场区的下风或侧风位置，入口处设人员消毒室、更衣室和车辆消毒池。生产区奶水牛舍要合理布局，能够满足奶水牛分阶段、分群饲养的要求，泌乳牛舍应靠近挤奶厅（房），各牛舍之间要保持适当距离，布局整齐，以便防疫和防火。

人员消毒室采用红外线和脚踏垫浸湿消毒或自动喷雾消毒。车辆消毒池结构应不透水、耐酸碱、可承载同行车辆的重量。消毒池宽度与大门宽度一致，长度为 4 m，深度 20 cm。

(四) 粪污处理、病畜隔离区

主要包括隔离牛舍、病死牛处理及粪污贮存与处理设施。应设在生产区外围下风地势低处，与生产区保持 300 m 以上的距离。粪尿污水处理、病牛隔离区应有单独通道，便于病牛隔离、消毒和污物处理。

四、牛场的建设和建筑物布局

(一) 牛场的建设

养殖场的牛舍建筑，要根据各地全年的气温变化和牛的品种、用途、性别、年龄而确定。牛舍应建造在干燥、向阳、通风、排水良好、易于组织防疫、饲草饲料供应方便、无污染源的地方，要符合兽医卫生要求，确保冬暖夏凉。牛舍可建成单列式或双列式牛舍。建牛舍要就地取材，经济实用，还要符合兽医卫生要求，做到科学合理。有条件的可盖质量好的、经久耐用的牛舍。设计牛舍应掌握以下原则。

1. 为牛创造适宜的环境 一个适宜的环境可以充分发挥牛的生产潜力，提高饲料利用率。一般来说，家畜的生产力 20% 取决于品种，60%～70% 取决于饲料，20%～30% 取决于环境。不适宜的环境温度可以使家畜的生产力下降 10%～30%。

2. 要符合生产工艺要求 生产工艺包括牛群的组成和周转方式、运送草料、饲喂、饮水、清粪等，也包括测量、称重、防治、生产护理等技术措施。修建牛舍必须与本场生产工艺相结合。

3. 严格卫生防疫，防止疫病传播 流行性疫病对牛场会形成威胁，造成经济损失。通过修建规范牛舍，为家畜创造适宜环境，将会防止或减少疫病发生。此外，修建畜舍时还应特别注意卫生要求，以利于兽医防疫制度的执行。要根据防疫要求合理进行场地规划和建筑物布局，确定畜舍的朝向和间距，设置消毒设施，合理安置污物处理设施等。

4. 要做到经济合理，技术可行 畜舍修建还应尽量降低工程造价和设备投资，以降低生产成本，加快资金周转。因此，畜舍修建要尽量利用自然界的有利条件（如自然通风、自然光照等），尽量就地取材，采用当地建筑施工习惯，适当减少附属用房面积。

（二）建筑物布局

1. 布局原则 各建筑物在功能关系上应建立最佳联系；在保障卫生防疫、防火、采光、通风前提下，要有一定卫生间隔，供电、供水、饲料运送等线路应尽量缩短；功能相同的建筑物应尽量靠近集中。

2. 布局要求 牛舍应平行整齐排列，两墙端之间距离不少于 16 m，配置牛舍及其他房舍时，应考虑便于给料、给草、运牛、运粪，以及适应机械化操作的要求。料库、饲料加工等应设在方便进出和取用的位置。牛场要求有上下牛台。兽医室、病牛舍建于其他建筑物的下风向。青贮窖、干草棚建于安全、卫生、取用方便之处，粪尿、污水池应建于场外下风向。宿舍距离牛舍应在

50 m 以上。

3. 牛舍布局　牛舍布局应周密考虑，要根据牛场全盘的规划来安排。确定牛舍的位置，应根据当地主要风向而定，保证夏季凉爽。一般牛舍要安置在与主风向平行的下风处。确定牛舍方位时还要注意自然采光，让牛舍有充足的阳光照射。牛舍要高于贮粪池、运动场、污水排泄通道的地方。为了便于工作，可以依坡度由高向低依次设置饲料库、饲料调剂室、牛舍、贮粪池等，这既可以方便运输，又能防止污染。

第二节　牛舍建筑要求类型及设施设备

一、牛舍建筑的基本要求

（1）牛舍要建在地势高、排水良好的地方。方向坐北朝南，力避西向，以防西晒。这样夏天可避免阳光直射，冬天又能得到较多的阳光，使牛舍冬暖夏凉。

（2）牛舍内要有良好的采光和自然通风条件，做到夏天能通风透气，冬天能防寒保暖，保持舍内空气清新。适宜温度为 5～21 ℃，相对湿度 50%～70%。

（3）牛舍建筑面积应满足奶水牛不同生长阶段的福利需要，除牛床外还应有贮料间和兽医室等辅助建筑面积。

（4）舍内牛床构造要坚固、防滑、耐磨、排水良好，便于洗刷消毒。

（5）除牛床外，要有饲槽、给料通道、排尿沟和供水、电设施，以利于喂饲、挤奶、粪便清理等日常清洁卫生工作的进行。

（6）在因地制宜、节约建筑费用的基础上，要做到坚实牢固、美观实用。

二、牛舍类型和建筑形式

根据牛养殖规模和建设地点确定牛舍类型和建筑形式。牛舍类型为全开放式牛舍和半开放式牛舍两种，建筑形式分为单列式和双列式。牛舍内均应有牛床、食槽、颈枷、粪尿沟、喂饲通道、清粪通道等主要设施。

（一）单列式牛舍

牛舍建筑跨度小，通风良好、散热面积大，适宜小规模经营的家庭牛场。如果地形限制，规模化牛场也可建设单列式牛舍。一般成年奶水牛舍跨度为

6～6.5 m，牛舍内平面布局顺序是：喂饲通道、饲槽、牛床、粪沟、清粪通道和一定面积的舍外运动场。牛床长 170～200 cm，宽（牛与牛之间的距离）120～130 cm；饲槽上部净宽 60 cm，底部净宽 40 cm，深 30 cm；粪尿沟宽30～35 cm；清粪通道 120～150 cm；饲喂通道为 120～140 cm。牛舍屋顶坡度为 1/3。

（二）双列式牛舍

适用于较大规模牛场的牛舍建筑；每头牛的建筑面积，可比单列式牛舍减少 10％左右，便于集中管养。双列式牛舍按排列方式分为对头式和对尾式两种。由于对尾式牛舍有时会出现粪便相互溅洒到身体的情况，较少采用。双列式牛舍除共用饲喂走道外，其余尺寸与单列式相同。双列式牛舍的跨度一般为 11～12 m。如果采用车辆投送，跨度则为 12～14 m。牛舍屋顶坡度为 1/3。

三、牛场内附属设施设备

主要有青贮窖（池）、干草库、精料库、运动场、配种保定架、堆粪场和污水处理池、犊牛岛、犊牛补饲栏、自由卧床、大通铺牛舍、降温设施等。

（一）青贮窖（池）

青贮窖（池）要建在排水好、地下水位低、能防止倒塌和地下水渗入的地方。要求密闭性好，防止空气进入。墙壁要直且光滑，坚固性好。青贮按500～600 kg/m³，每头牛年需青贮饲料 7 000～8 000 kg 计算，确定青贮窖（池）大小。

（二）干草库

干草库建在青贮窖（池）附近，便于取用。棚高一般不超过 5 m，应有良好的通风，注意防火、防雨。每头牛每年需干草按 1 500 kg 计算，干草捆压实密度为 250 kg/m³，结合场地而定。

（三）精料库

精料库的贮存量应能满足 1～2 个月生产用量，结合场内饲养规模，面积一般在 100 m² 以内。

（四）运动场

具备条件的按每头牛 15 m² 配比。

（五）配种保定架

按 100 头基础母牛配 4 个保定架确定。

（六）堆粪场和污水处理池

污水处理为三级沉淀，结合场内饲养规模及闲置土地而定。

（七）犊牛岛、犊牛补饲栏

1. 犊牛岛　犊牛岛由箱式牛舍和围栏组成（彩图 6）。箱式牛舍三面封闭，并加装可关闭的通风孔或窗，一面开放，犊牛可自由进出由围栏构成的独立式运动场。箱式牛舍内铺设垫草或者放置木板。犊牛岛可搬动更换位置，便于彻底消毒。箱式牛舍宽 100～120 cm，长 220～240 cm，高 120～140 cm，围栏面积不低于 2.2 m²。犊牛岛应放置在干燥、排水良好的地方，摆放应相距一定距离，确保相邻犊牛不能相互舔舐。在热带地区和炎热夏季，犊牛岛可放置在树下或遮阴处，或者搭建遮阳棚。

2. 隔离式犊牛舍　可以是单列，也可以是双列。若是单列可以依托一面墙建设，紧接墙面做一单斜坡屋顶，屋顶投影宽度为 2.5 m，并设置接水槽（彩图 7）。斜坡屋顶下建设隔离式犊牛栏。首先用砖或者其他材料隔成宽 120 cm、高 140 cm、长 240 cm 的隔离牛栏，紧接着，外侧设置钢筋围栏，围栏面积不低于 2.2 m²，相隔两个牛栏的围栏独立并相隔 20 cm 以上。双列式隔离犊牛舍牛栏结构与单列式相同，只需增加一条 3～4 m 宽的饲喂走道（彩图 8）。隔离式牛舍的建设要特别注意风向，必要时可以增加挡风设施，以避免穿堂风的形成。最好划区管理，每一个小区采取全进全出，并在进犊牛前有一段闲置时间，引进牛时要彻底消毒并充分隔离。

哺乳犊牛舍要加强管理，每次引进犊牛时要对畜舍、可能接触到的设施设备彻底消毒。要及时清扫，勤换垫草，确保犊牛舍清洁、干燥。

（八）自由卧床

结合基础母牛数量确定。如图8-1所示。

图8-1　自由卧床

（九）大通铺牛舍

单侧大通铺宽15 m，地面呈弧形，用狗头石、公分石和沙铺设而成，随后以牛粪作为垫料。如图8-2所示。

图8-2　大通铺牛舍

（十）降温设施

1. 凉棚　凉棚面积按成年牛每头4～5 m²，青年牛、育成牛按每头3～4 m²计算，南向，棚顶材料应隔热和防雨。

2. 水池　水牛喜水，夏季温度较高，可修建水池用于水牛浸泡在水里降温。

3. 喷头　水牛圈舍内安装喷头进行屋顶喷淋和舍内喷雾，达到降温作用。

（1）屋顶喷淋　利用水的蒸发吸热原理，降低屋面温度，减弱辐射热向舍内传递。该法浪费水，不如屋顶采用隔热材料，一劳永逸。

（2）舍内喷雾　在牛床的上方 0.8～1.0 m 处安装喷雾器喷头，通过喷雾时雾滴在空气中汽化而达到降温目的（一般可降低舍温 1～3 ℃），但同时也增加舍内湿度，故降温的效果很可能被湿度的增加所抵消，因而该法仅适用于干热地区。

4. 风扇　水牛圈舍内安装大型换气扇和风量较大的电扇（2～2.3 m/s），加速舍内气流的速度，达到降温目的。

5. 湿帘　在机械通风的进风口处设一不断加水的湿帘，空气经过湿帘时由于水分蒸发而使空气温度降低，低温空气进入牛舍而达到降温的目的（一般可降 5 ℃以上），同时也可提高舍内空气湿度，故该法最适用于干热地区。

第三节　牛舍建筑结构要求及牛舍建设标准

一、牛舍内部结构建筑要求

（一）地基

土地坚实，干燥，应有足够强度和稳定性，坚固；防止下沉和不均匀下陷，使建筑物发生裂缝和倾斜，可利用天然的地基。疏松的黏土需用石块或砖砌好墙壁地基并高出地面，地基深 80～100 cm。地基与墙壁之间最好要有油毡绝缘防潮层。

（二）墙壁

维持舍内温度及卫生，要求牛舍坚固结实、抗震、防水、防火，具有良好的保温、隔热性能，便于清洗和消毒，多采用砖墙。砖墙厚 50～75 cm。从地面算起，应砌 100 cm 高的墙裙。在农村也可用土坯墙、土打墙等，但从地面算起应砌 100 cm 高的石块。土墙造价低，投资少，但不耐用。

（三）顶棚

防雨水、风沙，隔绝太阳辐射。要求质轻、坚固结实、防水、防火、保温、隔热，能抵抗雨雪、强风等外力影响。北方寒冷地区，顶棚应用导热性低和保温的材料。顶棚距地面 350～380 cm；南方则要求防暑、防雨并通风良好。

（四）屋檐

屋檐距地面 280～320 cm。屋檐和顶棚太高不利于保温，过低则影响舍内光照和通风。可视各地最高温度和最低温度等而定。

（五）门与窗

牛舍的大门应坚实牢固，宽 200～250 cm，不用门槛，最好设置推拉门。一般南窗应较多、较大（100 cm×120 cm），北窗则宜少、较小（80 cm×100 cm）。牛舍内的阳光照射量受牛舍的方向，窗户的形式、大小、位置、反射面积的影响，所以要求不同。光照系数为 1：（12～14）。窗台距地面高度为 120～140 cm。

（六）牛床

一般牛床长 170～200 cm，每个床位宽 120～130 cm，牛床坡度为 1.5％，前高后低。牛床一般采用水泥及石质牛床，其导热性好，比较硬，虽然造价高，但清洗和消毒方便。有的也使用土质牛床，将土铲平，夯实，上面铺一层沙石或碎砖块，然后再铺一层三合土，夯实即可。这种牛床能就地取材，造价低，具有弹性，保温性好，并能护蹄。

（七）尿粪沟和污水池

为了保持舍内的清洁和清扫方便，尿粪沟应不透水，表面应光滑。尿粪沟宽 30～35 cm，深 5～10 cm，倾斜度 1：（100～200）。尿粪沟应通到舍外污水池。污水池应距牛舍 6～8 m，其容积以牛舍大小和牛的头数多少而定，一般可按每头成年牛 0.3 m³、每头犊牛 0.1 m³ 计算，以能贮满一个月的粪尿为准，每月清除一次。为了保持清洁，舍内的粪便必须每天清除，运到距牛舍 50 m 远的粪堆上。要保持尿粪沟的畅通，并定期用水冲洗。

（八）饲喂通道

牛舍饲料通道和中央通道共用，饲喂通道呈瓦形，中间高，两边略低，便于投料和牛只采食。头对头双列式牛舍，饲喂通道宽 400～600 cm，普遍采用 500 cm。

（九）运动场、饮水槽、围栏

运动场面积以每头牛 10 m² 设计计算，除舍内饮水外，运动场设置饮水槽，槽长 3～4 m，宽 70 cm，槽底宽 40 cm，高 40～70 cm，每 25～40 头牛一个饮水槽，运动场周围用钢管设置围栏，要求结实耐用。

（十）牛舍周边

牛舍周边应有场区林带、场区隔离带、道路绿化以及运动场遮阴林带。

二、牛舍建设标准

（一）饲养密度要求

每头牛所需面积指舍内面积（不含运动场）。按生产类型、年龄阶段可将牛舍分为公牛舍、母牛舍、犊牛舍、育肥牛舍等，如表 8-1 所示。

表 8-1　牛饲养密度要求

类　　型	饲养密度（m²/头）
繁殖母牛（种）	4.56
分娩母牛（种）	9.29～11.12
青年母牛（种）	2.04
犊牛舍（每栏可为数头）	1.86
断奶母牛	2.79
周岁牛	3.72
育肥牛（300～400 kg）	4.18
育肥牛（401 kg 以上）	4.65
种公牛	11.12

（二）环境质量要求

牛舍的环境质量要求如表 8-2 所示。

表 8-2　牛舍生态环境质量

温度（℃）	相对湿度（%）	风速（m/s）	照度（lx）	细菌（个/m³）	噪声（dB）	粪便含水率（%）	粪便处理（次/日）
10～20	80	1.0	50	≤2 000	≤75	65～75	2

(三) 空气质量要求

牛舍的空气质量要求如表8-3所示。

表8-3 牛舍空气质量

项 目	最高限量指标
氨（mg/m³）	820
硫化氢（mg/m³）	8
二氧化碳（mg/m³）	1 500
可吸入颗粒（标准状态）（mg/m³）	2
总悬浮颗粒（标准状态）（mg/m³）	4
恶臭（稀释倍数）	70

第四节　公共卫生设施及养牛场环境保护

一、公共卫生设施

为保证牛群的健康和安全，做好防疫工作，避免污染和干扰，应建立科学的环境卫生设施。

（1）场界与场内的防护设施　牛场四周建围墙或防疫沟。

（2）牛场的用水量　包括生活用水、生产用水、灌溉和消防用水。

（3）场内排水设施　为保证场地干燥，需重视场内排水，排水系统应设置在各道路的两旁和运动场周边，多采用斜坡式排水沟。

（4）牛场绿化　在牛舍四周和场内舍与舍之间都要规划好道路。道路两旁和牛场各建筑物四周都应绿化，种植树木，夏季可以遮阴和调节场区小气候。在进行场地规划时必须留出绿化地，包括防风林、隔离林、行道绿化、遮阴绿化、绿地等。绿化植物具有吸收太阳辐射，降低环境温度，减少空气中尘埃和微生物，减弱噪声等保护环境的作用。

二、养牛场环境保护

养牛生产中产生的粪尿、污水等，都会对空气、水、土壤、饲料等造成污染，危害环境。养牛场的环境保护既要防止养牛场本身对周围环境的污染，又要避免周围环境对养牛场的危害。

（1）妥善处理粪尿和污水　如粪尿可用作肥料，产生沼气，采用农牧结合互相促进的办法。

（2）防止昆虫滋生　养牛场易滋生蚊蝇，要定时清除粪便和污水，保持环境的清洁、干燥，填平沟渠洼地，使用化学杀虫剂杀灭蚊蝇。

（3）注意水源防护　避免水源被污染，一定要重视排水的控制，并加强水源的管理与搞好卫生监测，严禁从事可能污染水源的任何活动，取水上游1 000 m至下游100 m的水域内，不得排入工业废水和生活污水，取水点附近两岸约20 m以内，不得有厕所、粪坑、污水坑、垃圾堆等污染源。

第五节　腾冲市槟榔江水牛主要养殖模式

腾冲市槟榔江水牛养殖模式主要有农户自由散养模式、适度规模养殖模式、家庭牧场养殖模式、养殖小区（场）饲养模式、涉农企业（公司）投资养殖模式。

1. 农户自由散养模式　此类养殖模式主要针对农户家庭饲养，是家庭经济收入的重要来源，一般以1～5头为宜，牛舍多选择在庭院偏僻角落建设（提倡人畜分离），牛舍面积20～50 m² 不等。有条件时，白天放牧，傍晚归牧，并适当补以草料。挤奶后，鲜奶统一交售到奶站。

2. 适度规模养殖模式　此模式的养殖户一般将奶水牛养殖作为主要事业，是家庭的主要经济来源，一般5～10头，牛舍多结合宅基地面积大小就近建设，面积以50～100 m² 不等，养殖户配备有铡草机、挤奶保定架、青贮池（袋装青贮）等附属设施。自己种植一年生多花黑麦草，实行舍饲饲喂，饲草以青贮料、人工牧草相结合，并补饲精料。有条件时，外出放牧，挤奶后，鲜奶统一交售到奶站或奶类加工企业。

3. 家庭牧场养殖模式　养殖户一般将奶水牛养殖作为发展家庭经济的重要事业组织实施，是家庭主要经济来源，一般10～50头，牛舍多选择在临村选地（租地）建设，牛舍面积100～500 m² 不等，建设标准基本符合相关要求，附属设施相对完备。养殖户配备有铡草机、挤奶间、青贮池、运动场、牧草地等，实行舍饲饲喂，饲草以青贮料为主，并补喂鲜料和精料。有条件时，可适当外出放牧，挤奶后，鲜奶统一交售到奶站或奶类加工企业。此类养殖模式是今后发展的重点。

4. 养殖小区（场）饲养模式　由一户或多户养殖户组成合作社在符合规划的地点建设的奶水牛养殖小区（场）。奶水牛存栏 50～100 头，占地 0.33～0.67 hm²，每个牛位面积设计标准不少于 20 m²，配套有一定的饲草饲料基地，实行全天候舍饲养殖，根据奶水牛不同的生长发育阶段和生产水平的高低配合标准日粮饲养。由于"统一规划建设、统一饲养管理、统一防疫用药、统一用料标准、统一产品销售，分户经营核算"，该模式生产水平高，规模效益好，组织管理严密，奶水牛人工授精、饲料、防疫、消毒、粪污处理等均可控可调。但是，由于管理实施不到位等原因，此类养殖模式已基本退出，名存实亡。

5. 涉农企业（公司）投资养殖模式　此模式是市场经济运行变化，供给侧结构性改革的必然产物。建设用地一般靠长期租用获得，符合区域内土地用地规划。养殖场规划到位，功能区齐全，附属设施设备完善。奶水牛存栏100～300 头，占地 0.67～2 hm²，牛场各功能区建设按规划标准施工，符合相关技术要求。配套有一定的饲草饲料基地，实行全天候舍饲养殖，根据奶水牛不同的生长发育阶段和生产水平的高低配合标准日粮饲养。由于"统一规划建设、统一饲养管理、统一防疫用药、统一用料标准、统一产品销售"，该模式生产水平高，规模效益好，组织管理严密，奶水牛人工授精、饲料、防疫、消毒、粪污处理等均可控可调，是传统养殖方式向现代养殖方式转变的具体体现。该模式可提高农作物秸秆利用率，增加劳动力转移就业的途径。

第六节　废弃物处理与资源化利用

随着畜牧养殖场规模越来越大，集约化程度的提高，引起的诸如臭气污染、土壤和水体的富营养化、畜产品的污染以及传播人畜共患病等社会和环境污染问题越来越多。畜禽养殖的规模化、集约化生产对环境压力已经引起了业内人士和政府的高度重视。要实现畜牧业可持续发展，必须走生态和清洁生产之路，对畜禽粪污进行无害化处理及资源化的再利用刻不容缓。畜牧场粪污管理可有效改善畜禽养殖环境，提高畜禽废弃物利用水平，开发生物资源，促进畜禽养殖业的可持续发展。

粪便中含有大量的植物所需养分。将畜禽粪便制作成肥料还田，既可防止粪便污染，又可为植物提供养分并改善土壤肥力。动物粪便的资源化利用途径有：堆肥甚至深加工制作成有机肥或专用肥料，供农作物或园林植物利用等；废水可生产沼气。国外已经发展出比较成熟的动物粪肥施用体系，包括基于土壤特性、种植结构和季节变化的粪肥施用量和施用时间间隔等技术规范与指南，并建立了粪肥有效养分测算，施用过程养分损失评估以及过量施用的风险评估模型。规模化奶水牛场的液态粪便常常经过贮存、再运输和施用。随着奶业转型升级，养殖方式从散养向家庭牧场、合作社、规模化牧场迅速转变，更有利于粪污资源化利用。粪污处理的基本原则是减量化收集、无害化处理与资源化利用。

一、粪污收集

采用刮板、铲车、清粪车将水牛舍内的粪污集中到另一侧的集粪池内，再装运到粪污处理场，或再用刮粪板刮到粪污处理中心。为减少污水处理负荷，避免采用水冲式清粪模式，提倡以循环污水将集粪池中的粪污冲刷到粪污处理中心；对于小型水牛场也可采用人工清理收集水牛场的粪污。若采用漏缝工艺，漏粪板下的粪污可采用刮粪板清理，也可采用循环污水冲洗。

二、粪污无害化处理

采用干粪工艺收集的粪便可直接运送到干粪场堆积发酵，污水通过暗沟、管道送到污水处理池进行无害化处理。采用循环污水冲洗收集的粪污需通过粪污固液分离机进行干湿分离。

（一）粪便堆肥发酵

（1）堆粪发酵处理场地需进行硬化处理，避免污水渗漏，且地面有一定的坡度，便于降低粪便的水分，加速发酵。堆粪场上部加遮雨棚，并构筑必要设施避免粪便被雨水冲刷。

（2）堆粪发酵粪便的初始含水率需控制在 $40\%\sim60\%$，含水率过高则需加入粉碎秸秆混合处理，以降低水分含量；或者需要先蒸发部分水分后再次发酵。正常牛粪的碳氮比在 $(20\sim23):1$，比较接近理想发酵的碳氮比 $(20:1)$，在可能的情况下，可以添加稻壳以调节其碳氮比，以满足微生物增殖的需求，保证合理的堆肥发酵温度。

（3）堆肥发酵温度需达到 $55\sim65\ ℃$，并持续 5 d 以上方能有效杀死病原微生物和寄生虫虫卵。堆肥发酵周期与季节有关。通常发酵 60~90 d，堆肥颜色呈黑褐色，物料原形轮廓消失，变得均匀细小，无粪尿臭味，干燥、手压不成块，可认为堆肥成功。

（4）每头水牛每天粪便排放量为 20~40 kg，平均为 30 kg，每立方米可堆积粪便 800 kg，依此计算粪污堆放容积。建议牛场建立 3~6 个粪便堆放发酵池循环使用，发酵池可堆放 3~6 个月的粪便，有效解决粪污产量与需求之间存在的季节性矛盾。

（二）建立有机肥加工厂集中处理奶水牛粪污

水牛饲养集中的区域，可以由社会组织利用社会资金成立一个专业的粪污处理公司，将粪污由专业化公司处理、经营，生产固体或液态有机肥，能较好解决因牛场粪污处理专业化程度低下，粪污处理运行不稳定，处理成本过高等问题。粪污处理公司可以选择多元化处理技术模式，虽然前期投入较大，但后期可以实现粪污的高效利用和低成本处理。

三、污水无害化与资源化处理

（一）常规处理模式

汇集的污水首先经过隔栅过滤和初沉淀池沉淀，尽可能除去固体物或悬浮物，过滤沉淀出的固体物送至堆粪场发酵处理。建筑分隔为 3~6 个单元的化粪池，让污水在其中循环发酵 24 h，化粪池用砖或者石头与混凝土浇筑，上部可建成玻璃或者塑料薄膜温室，既可提高发酵温度，又可避免降雨流入，降低污水处理量。

经化粪池流出的污水进入氧化塘贮存待利用，或者进入沼气池进行厌氧发酵。氧化塘可用混凝土防渗透，也可利用土工膜进行防渗处理。露天氧化塘可以考虑加拿大模式，即直接在水面上以塑料薄膜或经粉碎的作物秸秆覆盖，提高处理效率，并降低气体排放量。每头水牛每天产生的尿液为 15~18 kg，加上其他污水，污水的产量为 25 kg，可依此计算化粪池的容积。

（二）粪污的资源化利用模式

1. 沼气生产　经过滤沉淀的污水可直接进入沼气池进行厌氧发酵生产沼

气，污水也可经化粪池处理后再进入沼气池。产生的沼气经脱硫、干燥处理后进入沼气罐贮存待用。沼气可用于职工生活，也可用于挤奶厅加热管道清洗用水。对于大型水牛场，还可建设中大型集中供气沼气工程，将所有污水和全部或者部分粪便进行发酵生产沼气，沼气自用或者供周边居民作为燃料。

厌氧发酵产生的沼气硫化氢含量大，未经处理的沼气不符合发动机对气体品质的要求，沼气直接进入发动机可能会对后端的设备造成腐蚀；如果沼气含水量、粉尘量、压力、温度等不符合机组要求，会引起机组功率波动、停机或爆炸。为此，用于发电的沼气需要经过脱硫脱水、过滤净化等处理，利用产生的纯沼气在发电机组里燃烧发电，再并入电网（图8-3）。

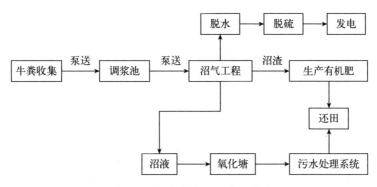

图8-3 沼气发电工程应用模式

2. 沼液利用 沼液可作为无土栽培的营养液，用于栽培蔬菜瓜果，以及具有经济价值的花卉或生产种质基质等。因为沼液既适合植物的营养需要，又可降低生产成本。沼液含有植物所需的各种营养元素、微量元素、生长激素和抗生素。用沼液浸泡各种农作物的种子，具有催芽、刺激生长和抗病作用。在秧苗生长中，沼液可增强酶的活化，加速养分运转和代谢，沼液中含有多种水溶性养分，是一种速效肥料，用于果树叶面喷施收效快、吸收率高，果树一昼夜可吸收施肥用量的80%以上，能及时补充生长期的养分需要。此外，沼液还对某些病虫有抑制作用。

3. 粪污还田利用及土地消纳量 粪污可还田利用，但是需要在确保土地消纳量的基础上进行合理还田利用。干清粪污水排放量低于水冲粪的污水排放量，且前者污水的单位体积养分含量远低于后者。水冲粪工艺单位体积污水中氮（N）的含量是干清粪工艺的5.8倍，单位体积污水中五氧化二磷（P_2O_5）的含量是干清粪工艺的2.4倍。同一种清粪工艺模式下N与P_2O_5的比例也各不相同，干清粪工艺 N 与 P_2O_5 比例约为 3.8：1，水冲粪工艺 N 与 P_2O_5 比例约为 9.3：1。从此角度来看，采用干清粪模式可以降低末端污水的处理负荷。干清粪与水冲粪模式的污水氮磷含量不同，干清粪水牛场产生的污水的氮磷含量远低于水冲粪模式污水的含量。具体应视水牛污水排放量和污水中氮磷含量，以及每公顷作物每年的养分需要量等因素选择合理的粪污还田利用模式。

　　4. 种养结合利用模式　在干清粪模式下，固体粪便经堆肥或其他无害化方式处理，污水与部分固体粪便进行厌氧发酵、氧化塘等处理，在养分平衡管理的基础上，将发酵而成的有机肥、沼渣沼液或处理达标的污水还田。水泡粪模式的粪污经厌氧发酵、氧化塘处理达标后还田（图 8-4）。

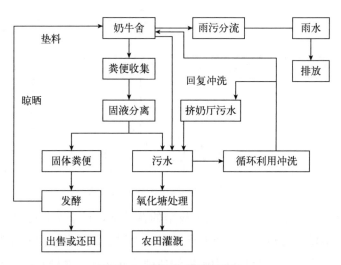

图 8-4　粪污处理循环利用

　　奶水牛养殖需要优质牧草方能获得高产，而云南气候非常适合全年种植优质牧草。每头奶水牛约需要 1 334 m^2 地来种植全株青贮玉米、一年生黑麦草、小黑麦、青稞、苜蓿等。每 667 m^2 地每年可消纳 2～3 头水牛的污水，或者 1～2 头水牛的所有粪污。因此，如果条件允许，每头水牛配置 1 334 m^2 饲料地，不仅可以完全消纳所有粪污，而且可保障水牛优质饲草的供给。如果条件制约，每头水牛也应配置至少 334 m^2 的土地来消纳水牛场所产生污水，干粪通过堆肥发酵后作为有机肥出售。事实上，粪污处理达标后也可以采用场外循环利用模式，甚至在更广的区域内实现循环利用。

第九章
槟榔江水牛的开发利用与品牌建设

第一节 品种资源开发利用现状

槟榔江水牛是中国唯一的河流型水牛品种,于 2008 年通过国家畜禽遗传资源委员会审定,2014 年被列为国家级畜禽遗传资源保护品种,属乳、肉、役用型地方品种。现已形成不同规模的养殖场和养殖小区、家庭农庄和养殖专业户,以腾冲市为例,2017 年腾冲市槟榔江水牛存栏比 2016 年增长 26.8%,其中槟榔江水牛保种场存栏比 2016 年增加 10.8%。研究表明,槟榔江水牛具有较好的产奶性能和肉用价值,水牛平均泌乳天数为 269 d,平均一个泌乳期产奶量达 2 452 kg,最高产奶量 3 685 kg,高于摩拉水牛 15%;公牛屠宰率、净肉率、眼肌面积和骨肉比分别为 51.22%、38.59%、35.8 cm² 和 1∶2.66 (Li,2018);槟榔江水牛的精液采集可比尼里-拉菲水牛和摩拉水牛提早 6∼12 个月,且品质好,在湖北等地利用槟榔江水牛精液改良当地水牛,取得了较好的生产性能。充分挖掘和开发槟榔江水牛的乳、肉和种用功能,有助于缓解南方热带地区鲜奶供应不足和牛肉价格居高不下的问题,并对发展中国奶水牛种源具有重要意义。

一、产品开发模式

(一) 水牛奶产品

水牛奶产品采用"农户+基地+龙头企业"的发展模式,由公司在各个基地和养殖合作社设立专门的收奶站统一收购,统一运输至公司进行加工销售。

现在主要的产品分为两大类：水牛奶液体乳和水牛奶酪。水牛奶是加工优质奶酪的优选奶源。

（二）水牛肉产品

水牛肉产品的开发在"农户＋基地＋龙头企业"的发展模式，由公司在各个基地和养殖合作社统一收购运输至公司进行屠宰、加工和销售，兼以西南地区家喻户晓的美食形式呈现。经典菜肴有全牛宴、牛扒烀、火烧牛干巴、撒撒、牛凉片、红烧牛肉、炒脆肚、乳酪、乳扇、乳饼等。

（三）药用产品

槟榔江水牛的肉、头脚、内脏、乳等不仅美味，还具有一定的药效，其肉补虚、强筋、除湿；皮治水肿；乳养心肺、润皮；脑治晕眩；肝聪目；胃治热气、解毒。几百年来，腾冲民间一直把槟榔江水牛角研磨成粉用来消炎消肿。取槟榔江水牛角后，水煮，除去角塞，干燥，用镪片或锉磨成粗粉，生用或制为浓缩粉用，可清热凉血、解毒、定惊。目前，槟榔江水牛角已被云南腾药制药股份有限公司用作加工"安宫牛黄丸"的主要原料之一。

二、主要产品加工及产业化开发

（一）水牛奶产品

液体乳产品有巴氏杀菌水牛奶、纯水牛奶、甜水牛奶、核桃水牛奶、腾冲印象水牛酸奶、佐餐水牛乳、鲜花水牛奶。

奶酪产品有腾冲记忆鲜食奶酪、莫索里拉水牛奶酪、帕马森水牛干酪。

图 9-1　水牛奶产品

1. 巴氏奶　巴氏奶又称"市乳"，是以新鲜牛奶为原料，经过离心净乳、预热、均质、巴氏杀菌和冷却，以液体状态灌装到包装盒内，直接供给消费者饮用的商品乳。巴氏奶的特点是在杀灭牛奶中有害菌群的同时最大限度地保持鲜牛奶的营养和良好口感。巴氏奶是一种"低温杀菌牛奶",要求在 4 ℃左右的条件下冷藏,以防止微生物繁殖。巴氏奶的保质期也比较短,一般为 5～7 d。在巴氏奶生产过程中的任何一个环节出现疏漏都会导致细菌的滋生和牛奶的变质,为了保证产品的安全性,将 HACCP 体系的思路引入巴氏奶生产中就显得尤为重要。

2. 奶酪　奶酪是牛奶经浓缩、发酵而成的奶制品,它基本排除了牛奶中大量的水分,保留了其中营养价值极高的精华部分,被誉为乳品中的"黄金"。产品色泽纯白,口感细腻,酸甜适中。最著名的水牛奶酪是意大利生产的莫索里拉(Mozzarella)奶酪。

(1)莫索里拉奶酪工艺　奶标准化→巴氏杀菌→注入干酪槽→加发酵剂→加氯化钙→加凝乳酶搅拌→静置凝乳→切割→加热搅拌→硬化凝块→排乳清→热水搅拌→降温冷却→热烫→揉和成型→冷却定型→脱模→盐渍包装→贮藏→检验合格→出厂。

(2)莫索里拉奶酪的保存　莫索里拉奶酪一般放在乳清中保存。

3. 酸奶　酸奶是以新鲜的牛奶为原料,经过巴氏杀菌后再添加有益菌(发酵剂),经发酵后再冷却灌装的一种牛奶制品。目前市场上酸奶制品多以凝固型、搅拌型和添加各种果汁果酱等辅料的果味型为主。酸奶不但保留了牛奶的所有优点,而且某些方面经加工过程还扬长避短,成为更加适合于人类的营养保健品。

(二)水牛肉产品

1. 火烧牛干巴　是景颇族古老简朴的菜肴,为该族待客的最佳荤菜,食之味道香美,回味悠长。

(1)将牛肉切成宽 2～3 cm、长 20～30 cm 的肉条。用白酒分数次擦在肉面。将盐、花椒、辣椒、茴香籽面混合,撒在牛肉面上,用力搓揉,至酒原料用尽时,将肉条放入陶罐内压实封口,腌渍 1～2 d。

(2)取出腌好的肉条,挂在锅架上方的炕笆上,盖上青叶(柊叶),利用火塘烧柴后的余热,慢慢用火烘烤。烤至肉色由红变褐,溢出香味为止,取下挂在火塘边的竹篱笆墙上备用。

(3)食时,取下牛干巴,入温水中刷洗干净,用芭蕉叶包住,埋入灼烫的柴灰中，焐约半小时，取出，去芭蕉叶，将肉条用砍刀背反复捶打，使干巴的纤维纵形分离，再用刀横切成 2～3 cm 长的小段即成肉松，入碗上桌。

2. 撒撇 是傣族中最具有代表性的一道菜。以牛的肾、肠、胃、肝、脾和牛肉为原料，配以米线，蘸料为花椒、小米辣、大蒜掺少许苦肠水搅拌均匀而成，其口味独特，清凉中略带酸苦。此菜最大的风格就是味道油而不腻、怪而不厌、辣不伤肝、微苦带香，并有清热解毒和健脾开胃的功效，初食有点微苦，再食回味悠甜。加上配有具药效作用的植物佐料，撒撇便成了一道口味极佳的药膳美食。胃热上火，风火牙痛，体内各种炎症，食用撒撇 1～2 次，即可消炎止痛解毒。

（1）取水牛的大肠和小肠接合部的一小段将之洗净适当烘干，即可发现其中有粉状的物质，加入适量的清水，用备好的纱布经过多次过滤，再经过高温加热就得到所谓的"撒撇水"。

（2）将备好的"精瘦牛肉"加工为肉末待用。再将从牛身上取下的脾切成大小适宜的薄片，将之在炭火上烤到出香味，备用。

（3）在肉末里加入切成小段的韭菜、香辣柳、老缅芫荽、小米辣、金盖、炭火烤好的脾，拌匀即可食用。

（三）药用产品

近年来，槟榔江水牛角还被广泛用于腾药的加工，其中安宫牛黄丸最为著名。其药物主要成分为牛黄、槟榔江水牛角浓缩粉，是我国传统药物中最负盛名的急症药物之一，主要功能是清热解毒、镇惊开窍，用于热病、邪入心包、高热惊厥、神昏谵语等。

图 9-2 药用产品

第二节　水牛奶营销与品牌建设
——以腾冲市为例

目前的市场环境下，乳品竞争态势日趋激烈，商场、超市与网络渠道的快速发展，正在影响着消费者的购物习惯，越来越多的健康元素被添加到产品中，新概念层出不穷，使产品趋向细分化、功能化。层层把关品质并满足不同消费群体的健康需求成为乳业品牌的关键价值。

品牌形象的建立是一个长期的经营积累过程，通过视觉形象上保持的一致性，让受众在长期过程中形成品牌形象沉淀，加深对品牌的认识。这个过程中，视觉的一致性主要体现在品牌接触受众的视觉载体与品牌文化、理念保持一致，且在这个过程中消费者是直接通过品牌的视觉载体来认知品牌价值、理念等品牌要素，这就需要建立品牌的传播体系，与消费者互动沟通。

腾冲艾爱水牛乳业有限公司以"喝艾爱水牛奶及槟榔江水牛奶，畅享腾冲寻奶之旅"活动打造腾冲水牛奶品牌形象，整个传播主题活动将品牌的产品端及价值端加以有效连接，通过线上线下活动结合，借势新闻媒体，短期内迅速提升活动知晓度，宣传腾冲水牛奶源产品的优异品质。同时，针对主要市场重点终端进行一系列的形象包装，形成热烈的终端销售氛围，达到自主宣传的目的，营造了浓厚的终端消费氛围。企业对重点渠道、重点终端进行了资源整合、优化管理。通过主题活动的开展，进行企业品牌的塑造和延伸，可以提高企业的声誉及企业产品的顾客忠诚度。

除了重视产品质量和品牌建设之外，奶水牛产业要获得高速发展，需研发高附加值的乳品，适宜中国人口味的奶酪是未来研发的方向之一。

参 考 文 献

艾有林，沈雪鹰，尹玉安，等，2008. 腾冲县槟榔江水牛资源及应用前景初探 [J]. 云南草业 (1)：29-34.

陈溥言，2011. 兽医传染病学 [M].5 版. 北京：中国农业出版社.

陈艳美，李清，毛华明，等，2017. 不同月龄槟榔江公水牛肉中胆固醇及脂肪酸含量的比较研究 [J]. 肉类研究，31 (7)：1-6.

德宏州畜牧站，2009. 德宏奶水牛养殖技术手册 [M]. 德宏：德宏民族出版社.

邓慧芳，韦昱，杜玉兰，等，2013. 奶水牛乳中体细胞数与乳成分的相关分析 [J]. 中国畜牧兽医，40 (6)：241-244.

符俊，2009. 乳用水牛泌乳特性和产奶性能观察 [J]. 四川畜牧兽医，36 (8)：28-29.

国家畜禽遗传资源委员会，2011. 中国畜禽遗传资源志（牛志）[M]. 北京：中国农业出版社.

韩正康，1991. 家畜营养生理学 [M]. 北京：农业出版社.

黄必志，王安奎，2014. 云南肉牛养殖技术 [M]. 昆明：云南科技出版社.

黄必志，钟声，2016. 云南常见饲用植物 [M]. 昆明：云南科技出版社.

霍金龙，2010. 我国唯一的河流型奶水牛——槟榔江水牛的开发利用思考 [J]. 中国牛业科学，36 (5)：59-61.

季敏，刘学洪，余长林，等，2013. 槟榔江水牛 STAT5A 基因多态性及其与产奶性状的关联性研究 [J]. 中国牛业科学，39 (4)：29-35.

季敏，余长林，余选富，等，2012. 槟榔江水牛 STAT5A 基因多态性及 MspⅠ PCR-RFLP 遗传标记的建立 [J]. 中国牛业科学，38 (6)：12-18.

金曙光，嘎尔迪，敖日格乐，等，1998. 早期断乳犊牛开食料营养价值的研究 [J]. 中国农学报 (3)：24-26.

金贞，李清，何鸿源，等，2018. 云南省不同地区生鲜水牛乳滴定酸度的比较 [J]. 中国乳品工业，46 (1)：13-16.

晋丽娜，黄艾祥，2011. 云南省水牛乳常规营养成分的研究 [J]. 中国奶牛 (18)：31-33.

孔庆斌，闫利芳，孙俊兵，等，2006. 荷斯坦奶牛维持净能需要量的测定及影响因素 [J]. 中国畜牧杂志，42 (23)：44-47.

寇占英，李启鹏，莫放，等，2000. 犊牛主要消化器官的发育规律 [C]//中国畜牧兽医学会．中国畜牧兽医学会动物营养学分会第六届全国会员代表大会暨第八届学术研讨会论文集（下册）．哈尔滨：黑龙江人民出版社：533－537.

奎嘉祥，钟声，匡崇义．2003.云南牧草品种与资源［M］.昆明：云南科技出版社．

李红伟，亏开兴，王艳芬，等，2009.滇东南水牛的生态特征及其生产性能［J］.中国农学通报，25（6）：29－32.

李启鹏，2000.哺乳犊牛消化道主要消化酶发育规律的研究［M］.北京：中国农业大学出版社．

李清，毛华明，钱朝海，等，2015.不同凝乳剂制作的乳饼中胆固醇和脂肪含量的比较［J］.中国奶牛（7）：53－55.

李清，张瑞云，毛华明，等，2016.不同生鲜水牛乳滴定酸度的分析［J］.食品与机械（10）：53－56.

李清，顾招兵，钱朝海，等，2015.奶水牛营养需要量研究进展［J］.中国奶牛（10）：6－10.

李清，黄艾祥，毛华明，等，2013.生乳中AFM1的来源及防控措施［J］.中国乳品工业，41（10）：43－46.

李清，毛华明，李文，等，2017.云南水牛乳成分分析及乳能量预测模型的建立［J］.动物营养学报，29（8）：2875－2883.

李清，2018.奶水牛营养物质及能量沉积规律的研究［D］.昆明：云南农业大学．

李瑞丽，2012.空怀期及妊娠前期辽宁绒山羊能量和蛋白质需要量研究［D］.北京：中国农业大学．

李胜利，2017.黄梅县中国荷斯坦奶牛产奶量和乳成分的相关性及其影响因素研究［D］.武汉：华中农业大学．

李素霞，张秀，李杨，等，2015.FST基因多态性与槟榔江水牛和德宏水牛繁殖性能的相关性研究［J］.中国牛业科学，41（2）：17－22.

李英，2013.奶牛场DHI测定应用与指导［M］.北京：金盾出版社．

梁明振，杨炳壮，苏安伟，等，2007.水牛奶营养价值评价［J］.广西畜牧兽医，23（3）：124－126.

梁贤威，邹彩霞，梁坤，等，2008.不同能量水平日粮对后备母水牛氮代谢的影响［J］.畜牧与兽医，40（10）：46－48.

刘敏雄，1971.反刍动物消化生理学［M］.北京：中国农业大学出版社．

刘伟，苗永旺，李大林，等，2011.利用微卫星DNA标记分析槟榔江水牛群体遗传特征［J］.畜牧兽医学报，42（11）：1543－1549.

卢德勋，2008.国际动物营养学发展形势和我们的任务［J］.动物营养研究进展（8）：1－7.

卢忠民，陈杰，韩正康，1998. 日粮添加硫、磷提高水牛瘤胃纤维素消化率的研究 [J]. 动物营养学报，10 (3)：10-13.

毛华明，李永强，王鹏武，2012. 云南奶水牛业发展概况 [J]. 中国奶牛 (13)：58-61.

美国国家科学院-工程院-医学科学院，2018. 肉牛营养需要 [M]. 8版. 孟庆祥，周振明，吴浩，译. 北京：科学出版社.

美国国家科学研究委员会，2002. 奶牛营养需要 [M]. 7版. 孟庆祥，译. 北京：中国农业大学出版社.

苗永旺，李大林，袁峰，等，2011. 利用 mtDNA D-loop 序列为遗传标记分析槟榔江水牛的群体遗传特征 [J]. 云南农业大学学报 (5)：625-632.

屈在久，李大林，苗永旺，等，2008. 槟榔江水牛种质资源调查与评价 [J]. 云南农业大学学报，23 (2)：265-269.

沈延法，韩正康，1994. 水牛瘤胃氮及矿物质代谢若干规律的研究 [J]. 畜牧兽医学报 (5)：390-394.

孙建全，赵红波，刘春林，等，2011. 改变日粮蛋白质和赖氨酸含量对奶牛产奶性能和氮利用及代谢激素的影响 [J]. 南京农业大学学报，34 (2)：124-128.

唐小飞，1998. 摩拉和尼里-拉菲水牛泌乳特性观察 [J]. 广西畜牧兽医 (3)：18-20.

田帅，2015. 不同年龄槟榔江水牛的屠宰性能与肉品质变化规律 [D]. 昆明：云南农业大学.

田帅，毛华明，李清，等，2015. 两种凝乳剂乳饼中游离氨基酸质量分数的比较 [J]. 中国乳品工业，43 (3)：22-24.

童碧泉，2011. 水牛改良与奶用养殖技术问答 [M]. 北京：金盾出版社.

童雄，王秀娟，李大刚，等，2018. 华南地区荷斯坦牛泌乳性能在季节、胎次、泌乳时期影响下的变化规律 [J]. 华南农业大学学报 (2)：16-22.

汪明，1997. 兽医寄生虫学 [M]. 3版. 北京：中国农业出版社.

王加启，2006. 现代奶牛养殖科学 [M]. 北京：中国农业出版社.

王加启，2008. 肉牛高效饲养技术 [M]. 北京：金盾出版社.

王建华，2010. 兽医内科学 [M]. 4版. 北京：中国农业出版社.

王雷，丁春华，奕爽艳，2008. 我国水牛奶业的发展现状与开发前景 [J]. 中国奶牛 (4)：8-11.

王荣民，罗义春，邹青根，等，2014. 不同日粮营养水平对西吉杂种母牛产奶性能影响 [J]. 中国牛业科学，40 (6)：5-9.

王娟，张居中，2011. 圣水牛的家养/野生属性初步研究 [J]. 南方文物 (3)：140-145.

熊飞，苗永旺，李大林，等，2011. 槟榔江水牛体重及体尺生长规律的研究 [J]. 云南农业大学学报（自然科学版），26 (4)：472-478.

熊飞，吴春风，苗永旺，等，2013. 槟榔江水牛不同月龄阶段体重与体尺的主成分分析［J］. 云南农业大学学报（自然科学版），28（3）：322-328.

徐如海，2004. 泌乳水牛泌乳期能量、蛋白质、钙磷需要量的研究［D］. 南宁：广西大学.

徐旺生，2005. 中国家水牛的起源问题研究（上）［J］. 四川畜牧兽医，32（5）：56-56.

杨炳壮，文秋燕，梁贤威，等，2005. 乳肉兼用水牛不同生长阶段绝食代谢的研究［J］. 中国畜牧杂志（11）：49-51.

杨海涛，曲永利，苗树君，2016. 日粮蛋白水平和过瘤胃蛋氨酸对奶牛泌乳性能及采食量的影响［J］. 黑龙江畜牧兽医（10）：83-84.

杨嘉实，冯仰廉，2004. 畜禽能量代谢［M］. 北京：中国农业出版社：27-30.

杨倩，毛卫华，赵如茜，等，2001. 太湖猪与大白猪小肠发育及其免疫功能形态学比较［J］. 南京农业大学学报（4）：75-78.

翟少伟，2008. 日粮蛋白质水平对奶牛乳尿素氮浓度及氮利用率的影响［J］. 乳业科学与技术（6）：266-269.

张斌，王静，宋敏艳，等，2014. 槟榔江水牛 ACTA1 基因多态性与生长性状的相关性研究［J］. 中国牛业科学，40（6）：31-33.

张成寻，郭建同，2002. 水牛肉——品质优良的肉类［J］. 百姓必读（7）：44.

泰勒，恩斯明格，2007. 奶牛科学［M］. 4 版. 张沅，王雅春，张胜利，译. 北京：中国农业大学出版社.

张瑞云，陈艳美，李清，等，2016. 反刍动物饲料营养价值评定方法及在水牛中的应用［J］. 中国奶牛，313（5）：4-9.

章纯熙，2003. 水牛肉生产及其展望［J］. 资源与生产（3）：20-22.

章纯熙，苗永旺，李大林，等，2011. 我国首例本土河流型水牛——槟榔江水牛的种质特征［J］. 家畜生态学报，32（6）：39-45.

章纯熙，吴文彩，邹隆树，等，2000. 中国牛业科学［M］. 广西：广西科学技术出版社.

周金星，高登慧，刘培琼，等，2005. 不同日龄香猪小肠黏膜形态观察［J］. 中国兽医杂志（12）：11-12.

周玲，2017. 广西地区奶水牛及娟姗奶牛生产性能、乳中氨基酸和脂肪酸的比较研究［D］. 南宁：广西大学.

邹彩霞，梁贤威，梁坤，等，2008. 12~13 月龄生长母水牛能量需要量初探［J］. 动物营养学报，20（6）：645-650.

邹彩霞，韦升菊，梁贤威，等，2012. 饲粮粗蛋白质水平对泌乳水牛产奶量及氮代谢的影响［J］. 动物营养学报，24（5）：946-952.

邹彩霞，杨炳壮，梁贤威，等，2011. 14~15 月龄母水牛能量需要量初探［J］. 畜牧与兽医，1（43）：16-20.

邹彩霞，杨炳壮，韦升菊，等，2011. 泌乳前期水牛能量代谢及其需要量初探 [J]. 动物营养学报，23（6）：950 - 955.

中华人民共和国农业部，2004. NY/T 34—2004 奶牛饲养标准 [S].

Anderson K L，Nagaraja T G，Morrill J L，et al，1987. Ruminal microbial development in conventionally or early - weaned calves [J]. Journal of Animal Science，64（4）：1215 - 1226.

Antonia B，2005. Chapter Ⅶ in buaffalo production and research [J]. Food and Agriculture Organization of the United Nations，145 - 160.

Baldwin R L，McLeod K R，Klotz J L，et al，2004. Rumen development，intestinal growth and hepatic metabolism in the pre-and postweaning ruminant [J]. Journal of Dairy Science，87（1）：E55 - E65.

Barros T，Quaassdorff M A，Aguerre M A，et al，2017. Effects of dietary crude protein concentration on late - lactation dairy cow performance and indicators of nitrogen utilization [J]. Journal of Dairy Science Journal of Dairy Science，100（7）：1 - 15.

Bartocci S，Tripaldi C，Terramoccia S，et al，2002. Characteristics of foodstuffs and diets，and the quanti - qualitative milk parameters of Mediterranean buffaloes bred in Italy using the intensive system. An estimate of the nutritional requirements of buffalo herds lactating or dry [J]. Livestock Production Science，77（1）：45 - 58.

Batth I A，Mughal M A，Jabbar M A，et al，2012. Production performance of lactating Nili-Ravi buffaloes under the influence of bovine somatotropic hormone with varying levels of dietary energy [J]. Journal of Animal & Plant Sciences，22（2）：289 - 294.

Bauman D E，Harvatine K J，Lock A L，2011. Nutrigenomics，rumen - derived bioactive fatty acids and the regulation of milk fat synthesis [J]. Annual Review of Nutrition，31（1）：299 - 319.

Beharka A A，Nagaraja T G，Morrill J L，et al，1998. Effects of form of the diet on anatomical，microbial，and fermentative development of the rumen of neonatal calves [J]. Journal of Dairy Science，81（7）：1946 - 1955.

Blum J W，Baumrucker C R，2002. Colostral and milk insulin - like growth factors and related substances：mammary gland and neonatal（intestinal and systemic）targets [J]. Domestic animal Endocrinology，23（1）：101 - 110.

Blum J W，2010. Nutritional physiology of neonatal calves [J]. Journal of Animal Physiology & Animal Nutrition，90（1 - 2）：1 - 11.

Bovera F，Calabro S，Cutrignelli M I，et al，2002. Effect of dietary energy and protein contents on buffalo milk yield and quality during advanced lactation period [J]. Asian Australasian Journal of Animal Sciences，15（5）：675 - 681.

Bovera F, Cutrignelli M I, Calabrò S, et al, 2010. Use of two different dietary energy and protein contents to define nutritive requirements of lactating buffalo cows [J]. Journal of Animal Physiology & Animal Nutrition, 91 (5 - 6): 181 - 186.

Broderick G A, 2003. Effects of varying dietary protein and energy levels on the production of lactating dairy cows [J]. Journal of Dairy Science, 86 (4): 1370 - 1371.

Brownlee A. 1956. The development of rumen papillae in cattle fed on different diets [J]. British Veterinary Journal, 112 (9): 369 - 372.

Buskirk D D, Lemenager R P, Horstman L A, 1992. Estimation of net energy requirements (NEm and NE delta) of lactating beef cows [J]. Journal of Animal Science, 70 (12): 3867 - 3876.

Cabrita A R J, Dewhurst R J, Melo D S P, et al, 2011. Effects of dietary protein concentration and balance of absorbable amino acids on productive responses of dairy cows fed corn silage - based diets [J]. Journal of Dairy Science, 94 (9): 46 - 47.

Campanile G, Filippo C D, Palo R D, et al, 1998. Influence of dietary protein on urea levels in blood and milk of buffalo cows [J]. Livestock Production Science, 55 (2): 135 - 143.

Church D C, 1988. The ruminant animal: Digestive physiology and nutrition [M]. New jersey: inc. englewood cliffs.

Colmenero J J, Broderick G A, 2006. Effect of dietary crude protein concentration on milk production and nitrogen utilization in lactating dairy cows [J]. Journal of Dairy Science, 89 (5): 1704 - 1712.

Coverdale J A, Tyler H D, Brumm J A. 2004. Effect of various levels of forage and form of diet on rumen development and growth in calves [J]. Journal of Dairy Science, 87 (8): 2554 - 2562.

Cozzi G, Gottardo F, Mattiello S, et al, 2002. The provision of solid feeds to veal calves: I. Growth performance, forestomach development, and carcass and meat quality [J]. Journal of Animal Science, 80 (2): 357 - 366.

Das G, Khan F, 2010. Summer Anoestrus in Buffalo - A Review [J]. Reproduction in Domestic Animals, 45 (6): e483 - e494.

Davis C L, Drackley J K, 1998. The development, nutrition, and management of the young calf [M]. Iowa: Iowa State University Press.

Doss R S, Mendiratta S K, Bhadane K P, et al, 2011. Effect of vitamin E supplementation on growth and meat quality of male Murrah buffalo (Bubalus bubalis) calves [J]. Animal Nutrition and Feed Technology (11): 221 - 231.

Flatt W P, Warner R G, Loosli J K, 1958. Influence of purified materials on the develop-

ment of the ruminant stomach [J]. Journal of Dairy Science, 41 (11): 1593 – 1600.

Frank B, Swensson C, 2002. Relationship between content of crude protein in rations for dairy cows and milk yield, concentration of urea in milk and ammonia emissions [J]. Journal of Dairy Science, 85 (7): 1829 – 1838.

Gaafar H M A, Abdelraouf E M, Bendary M M, et al, 2011. Effects of dietary protein and energy levels on productive and reproductive performance of lactating buffaloes [J]. Iranian Journal of Applied Animal Science, 1 (1): 57 – 63.

Ganie A A, Baghel R P S, Mudgal V, et al, 2010. Effect of selenium supplementation on growth and nutrient utilization in buffalo heifers [J]. Animal Nutrition & Feed Technology, 10 (2): 255 – 259.

Gooden J M, 1973. The importance of lipolytic enzymes in milk – fed and ruminating calves [J]. Australian Journal of Biological Sciences, 26 (5): 1189 – 1199.

Gorrill A D L, Schingoethe D J, Thomas J W, 1968. Proteolytic activity and in vitro enzyme stability in small intestinal contents from ruminants and nonruminants at different ages [J]. Journal of Nutrition, 96 (3): 342 – 348.

Greenwood R H, Morrill J L, Titgemeyer E C, et al, 1997. A new method of measuring diet abrasion and its effect on the development of the forestomach [J]. Journal of Dairy Science, 80 (10): 2534 – 2541.

Guilloteau P, Le H L I, Chayvialle J A, et al, 1992. Plasma and tissue levels of digestive regulatory peptides during postnatal development and weaning in the calf [J]. Reproduction Nutrition Development, 32 (3): 285 – 296.

Harrison H N, Warner R G, Sander E G, et al, 1960. Changes in the tissue and volume of the stomachs of calves following the removal of dry feed or consumption of inert bulk [J]. Journal of Dairy Science, 43 (9): 1301 – 1312.

Hill T M, Bateman H G, Aldrich J M, et al, 2010. Effect of milk replacer program on digestion of nutrients in dairy calves [J]. Journal of Dairy Science, 93 (3): 1105 – 1115.

Huber J T, 1969. Development of the digestive and metabolic apparatus of the calf [J]. Journal of Dairy Science, 52 (8): 1303 – 1315.

Hulan H W, Bird F H, 1972. Effect of fat level in isonitrogenous diets on the composition of avian pancreatic juice [J]. Journal of Nutrition, 102 (4): 459.

Iii J D Q, Schwab C G, Hylton W E, 1985. Development of rumen function in calves: nature of protein reaching the abomasum [J]. Journal of Dairy Science, 68 (3): 694 – 702.

Jin L, Reynolds L P, Redmer D A, et al. 1994. Effects of dietary fiber on intestinal growth, cell proliferation, and morphology in growing pigs [J]. Journal of Animal Science, 72

(9): 2270-2278.

Kearl L C, 1982. Nurtient Requirements of Ruminants in Developing Countries [M]. 1st Edn. Utah: International Feedstuffs Institute.

Khan M A, Lee H J, Lee W S, et al, 2007. Pre-and postweaning performance of holstein female calves fed milk through step-down and conventional methods [J]. Journal of Dairy Science, 90 (2): 876-885.

Khan M A, Lee H J, Lee W S, et al, 2007. Structural growth, rumen development, and metabolic and immune responses of Holstein male calves fed milk through step-down and conventional methods [J]. Journal of Dairy Science, 90 (7): 3376-3387.

Khan M A, Lee H J, Lee W S, et al. 2008. Starch source evaluation in calf starter: Ⅱ. Ruminal parameters, rumen development, nutrient digestibilities, and nitrogen utilization in holstein calves [J]. Journal of Dairy Science, 91 (3): 1140-1149.

Kristensen N B, Sehested J, Jensen S K, et al, 2007. Effect of milk allowance on concentrate intake, ruminal environment, and ruminal development in milk-fed Holstein calves [J]. Journal of Dairy Science, 90 (9): 4346-4355.

Kural C K, Mudgal V, 1987. The energy requirement for maintenance of stallfed kadan and Kelanton cattle in Malaysia [J]. Madi Research Bulletin (12): 267-279.

Kurar C K, Mudgal V D, 1977. Effect of plane of nutrition on the utilization of faecal nutrients for milk production in buffaloes [C]. Animal Report, National Dairy Research Institete.

Leonardi C, Stevenson M, Armentano L E, 2003. Effect of two levels of crude protein and methionine supplementation on performance of dairy cows [J]. Journal of Dairy Science, 86 (12): 4033-4042.

Lesmeister K E, Heinrichs A J, 2005. Effects of adding extra molasses to a texturized calf starter on rumen development, growth characteristics, and blood parameters in neonatal dairy calves [J]. Journal of Dairy Science, 88 (1): 411-418.

Lesmeister K E, Tozer P R, Heinrichs A J, 2004. Development and analysis of a rumen tissue sampling procedure [J]. Journal of Dairy Science, 87 (5): 1336-1344.

Longenbach J I, Heinrichs A J, 1998, A review of the importance and physiological role of curd formation in the abomasum of young calves [J]. Animal Feed Science & Technology, 73 (1): 85-97.

Mahmoudzadeh H, Fazaeli H, Kordnejad I, et al, 2007. Response of male buffalo calves to different levels of energy and protein in finishing diets [J]. Paskistan Journal of Biological Sciences, 10 (9): 1398-1405.

Manns J G, Boda J M, 1966. The influence of age of lambs on the ketogenicity of butyrate and tolerance to exogenous glucose in vivo [J]. Journal of Agricultural Science, 67 (3): 377 - 380.

Mcgavin M D, Morrill J L, 1976. Scanning electron microscopy of ruminal papillae in calves fed various amounts and forms of roughage [J]. American Journal of Veterinary Research, 37 (5): 497 - 508.

Moore R J, Kornegay E T, Grayson R L, et al, 1988. Growth, nutrient utilization and intestinal morphology of pigs fed high - fiber diets [J]. Journal of Animal Science, 66 (6): 1570 - 1579.

Murdock F R, Wallenius R W, 1980. Fiber sources for complete calf starter rations [J]. Journal of Dairy Science, 63 (11): 1869 - 1873.

Mustafa A A, Tyagi N, Gautam M, et al, 2017. Assessment of feeding varying levels of metabolizable energy and protein on performance of transition Murrah buffaloes [J]. Tropical Animal Health & Production, 49 (2): 1 - 8.

Paengkoum P, Tatsapong P, Pimpa O, et al, 2013. Nitrogen requirements for maintenance of growing Thai native buffalo fed with rice straw as roughage [J]. Buffalo Bulletin, 32 (1): 35 - 40.

Paul S S, Mandal A B, Pathak N N, 2002. Feeding standards for lactating riverine buffaloes in tropical conditions [J]. Journal of Dairy Research, 69 (2): 173 - 180.

Pierzynowski S G, Zabielski R, Barej W, 1991. Development of the exocrine rumination [J]. Journal of Animal Physiology and Animal Nutrition, 65: 165 - 172.

Pramod S, Gupta R S, Baghel R P S, 2007. Energy requirements of lactating Murrah Buffaloes [J]. Buffalo Bulletin, 26 (4): 7 - 9.

Qing Li, Youwen Wang, Huaming Mao, et al, 2018. Effects of age on slaughter performance and meat quality of Binglangjiang male buffalo [J]. Saudi Journal of Biological Sciences, 25 (2): 248 - 252.

Roth B A, Keil N M, Gygax L, et al, 2009. Influence of weaning method on health status and rumen development in dairy calves [J]. Journal of Dairy Science, 92 (2): 645 - 656.

Roy J H B, Stobo I J F, Gaston H J, et al, 1970. The nutrition of the veal calf: 2. The effect of different levels of protein and fat in milk substitute diets [J]. British Journal of Nutrition, 24 (2): 441 - 457.

Roy J H, Stobo I J, Gaston H J, 1970. The nutrition of the veal calf: 3. A comparison of liquid skim milk with a diet of reconstituted spray - dried skim - milk powder containing 20 percent margarine fat [J]. British Journal of Nutrition, 24 (2): 459 - 475.

San R, 1977. Buffaloes as a dairy animal [C]. All Indian Conference of Animal Scientists and Livestock Breeders.

Sander E G, Warner R G, Harrison H N, et al, 1959. The stimulatory effect of sodium butyrate and sodium propionate on the development of rumen mucosa in the young calf [J]. Journal of Dairy Science, 42 (9): 1600 – 1605.

Santillo A, Caroprese M, Marino R, et al, 2016. Quality of buffalo milk as affected by dietary protein level and flaxseed supplementation [J]. Journal of Dairy Science, 99 (10): 7725 – 7732.

Shahzad M A, Tauqir N A, Ahmad F, et al, 2011. Effects of feeding different dietary protein and energy levels on the performance of 12 – 15 – month – old buffalo calves [J]. Trop Anim Health Prod, 43 (3): 685 – 694.

Shyams P, Nitinv P, 2010. Energy and protein requirements of growing Nili – Ravi buffalo heifers in tropical environment [J]. Journal of the Science of Food & Agriculture, 87 (12): 2286 – 2293.

Shyams P, Nitinv P, 2010. Energy and protein requirements of growing Nili – Ravi buffalo heifers in tropical environment [J]. Journal of the Science of Food & Agriculture, 87 (12): 2286 – 2293.

Sivaiah, Mudgal V D, 1979. Effect of different levels of protein on growth rate and feed utilization of buffalo calves [C]. P. U. Chandigarh.

Stobo I J F, Roy J H B, Gaston H J, 1966. Rumen development in the calf: 2. The effect of diets containing different proportions of concentrates to hay on digestive efficiency [J]. British Journal of Nutrition, 20 (2): 189.

Stobo I J F, Roy J H B, Gaston H J, 2007. Rumen development in the calf: 1. The effect of diets containing different proportions of concentrates to hay on rumen development [J]. British Journal of Nutrition, 20 (2): 171 – 188.

Sweeney B C, Rushen J, Weary D M, et al, 2010. Duration of weaning, starter intake, and weight gain of dairy calves fed large amounts of milk [J]. Journal of Dairy Science, 93 (1): 148 – 152.

Tamate H, McGilliard A D, Jacobson N L, et al, 1962. Effect of various dietaries on the anatomical development of the stomach in the calf [J]. Journal of Dairy Science 45 (3): 408 – 420.

Tatsapong P, Peangkoum P, Pimpa O, et al, 2010. Effects of dietary protein on nitrogen metabolism and protein requirements for maintenance of growing Thai swamp buffalo (*Bubalus bubalis*) calves [J]. Journal of Animal & Veterinary Advances, 9 (8): 1216 – 1222.

Tauqir N A, Shahzad M A, Nisa M, et al, 2011. Response of growing buffalo calves to various energy and protein concentrations [J]. Livestock Science, 137 (1 - 3): 66 - 72.

Ternouth J H, Roy J H, Stobo I J, et al, 1977. Concurrent studies of the flow of digesta in the duodenum and of exocrine pancreatic secretion in calves: 5. The effect of giving milk once and twice daily, and of weaning [J]. British Journal of Nutrition, 37: 237 - 249.

Van H R W, Wilson T A, 1978. Bovine amylase, insulin and glucose response to high and low concentrate diets [J]. Journal of Aminal Science, 47: 445 - 446.

Vol N, 1996. Influence of weaning method on growth, intake, and selected blood metabolites in jersey calves [J]. Journal of Dairy Science, 79 (12): 2255 - 2260.

Wallenius R W, Murdock F R, 1977. Protein for calves on a limited milk - early weaning system [J]. Journal of Dairy Science, 60 (9): 1422 - 1427.

Wanapat M, Nontaso N, Yuangklang C, et al, 2003. Comparative study on between swamp buffalo and native cattle in feed digestibility and potential transfer of buffalo rumen digesta into cattle [J]. Asian - Aust. J. Anim. Sci, 16 (4): 473 - 634.

Williams P E V, Frost A I, 1992. Feeding the young ruminant in neonatal survival and growth [M]. United Kingdom: Occasional Publication - British Society of Animal Production: 109 - 118.

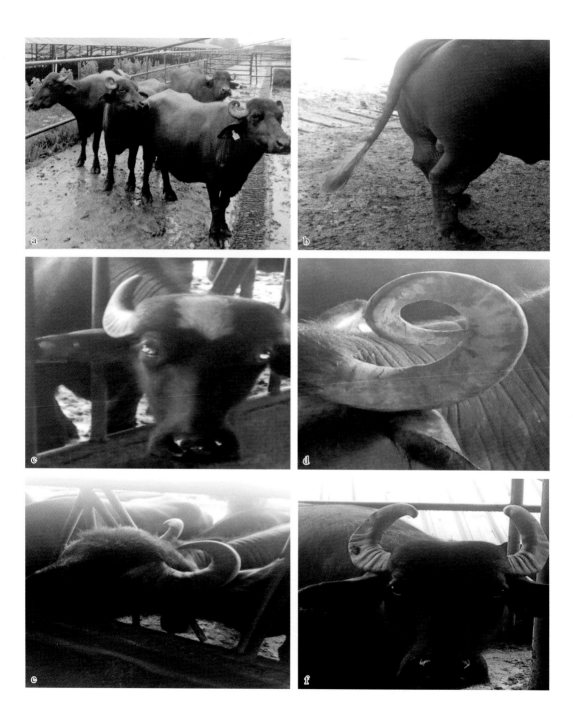

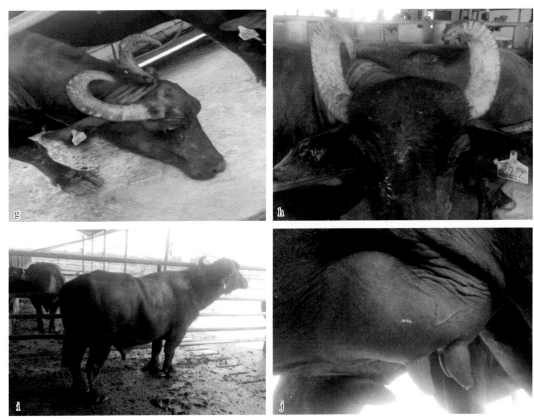

彩图1　槟榔江水牛外部形态特征

a.被毛稀短，呈灰黑色　b.尾尖毛呈白色　c.头部正中和系部毛呈白色　d.螺旋形角
e.小圆环形角　f.大圆环形角　g.后倒向前弯曲形角　h.不规则形角
i.公牛胸垂不发达，颈粗　j.母牛乳房为盆状且呈黑褐色

彩图2　槟榔江水牛的体型外貌

a.公牛　b.母牛

彩图3　水牛体尺测量部位示意

1 体高
2 体斜长
3 胸围
4 管围
5 腹围

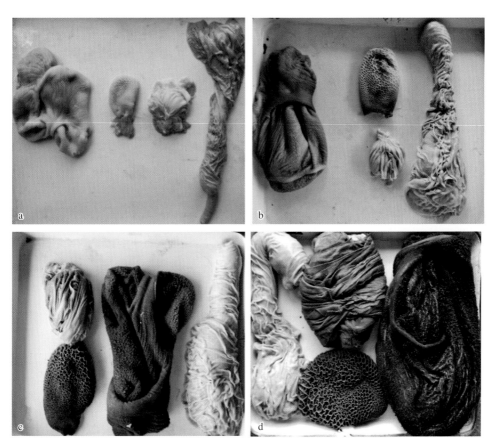

彩图4　不同日龄槟榔江水牛犊牛4个胃发育情况

a.5日龄　b.45日龄　c.90日龄　d.180日龄

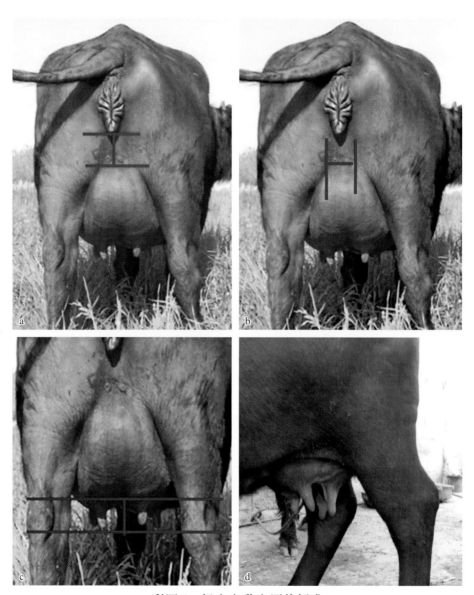

彩图5　奶水牛乳房评价标准

a.后乳房高度测量　b.后乳房宽度测量　c.乳房深度测量　d.乳静脉

彩图6 哺乳犊牛隔离设施

a.犊牛岛 b.隔离犊牛栏

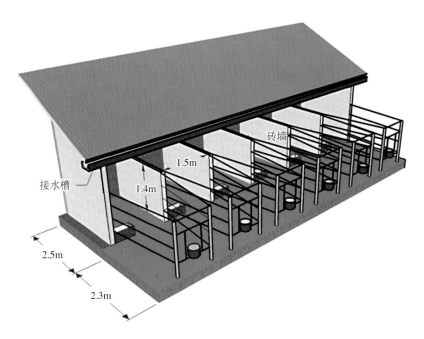

接水槽

1.5m

1.4m

砖墙

2.5m

2.3m

彩图7 以一面墙为依托修建的单列式隔离犊牛舍

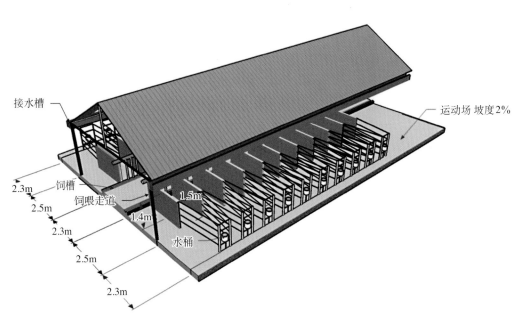

接水槽

运动场 坡度2%

2.3m 饲槽

2.5m 饲喂走道

1.5m

1.4m

2.3m 水桶

2.5m

2.3m

彩图8 双列式隔离犊牛舍